ABREGÉ D'ANATOMIE,

ACCOMMODÉ AUX ARTS

DE PEINTURE

ET DE SCULPTURE,

Et mis dans un ordre nouveau, dont la methode est très-facile, & débarassée de toutes les difficultez & choses inutiles, qui ont toujours esté un grand obstacle aux Peintres pour arriver à la perfection de leur Art.

PAR M. DE PILES.

Ouvrage très-utile, & très-necessaire à tous ceux qui font profession du Dessein.

Mis en lumiere par FRANCOIS TORTEBAT, Peintre du Roy dans son Academie Royale de Peinture & de Sculpture.

A PARIS,

Chez JEAN MARIETTE, ruë Saint Jacques, aux Colonnes d'Hercule.

M D C C X X X I I I.

AVEC PRIVILEGE DE SA MAJESTE'.

A MESSIEURS

D E

L'ACADEMIE

ROYALE

DE PEINTURE

ET SCULPTURE.

MESSIEVRS,

Les Arts ne font pas toujours bien reçus, ni toujours florißans,
il faut pour cela l'inclination du Prince & une grande capacité
dans ceux qui les profeßent : mais ces deux difpofitions fe trouvent
aujourd'huy fi favorables, qu'elles ne me permettent pas de differer
davantage à mettre en lumiere ce petit Abregé d'Anatomie , qui
m'eft tombé entre les mains : Et bien qu'il ne contienne que des chofes
trés-utiles, & dont la démonftration eft convaincante, il a néanmoins befoin de toute voftre protection pour eftre approuvé de tout
le monde : car je fuis trés-perfuadé, qu'il n'en faudra pas davantage aux autres Nations pour attirer leur eftime, que d'y voir voftre
nom à la tefte. En effet , MESSIEVRS , le foin que vous
prenez d'inftruire la Jeuneße par vos avis, & de l'animer par vos
Ouvrages, s'eftant repandu bien au-delà des Alpes , fait avouer à
tous ceux , qui par amour ou par profeßion fuivent le bel Art de

la Peinture, que vous estes aujourd'huy les seuls Dispensateurs de
la Science , & que si les belles choses estoient renfermées dans les
Oeuvres des Vivans , il ne seroit pas necessaire de sortir de Paris
& de s'éloigner d'une Academie que composent tant d'habiles Hommes , que protege un grand Ministre . & que le Roy mesme a voulu
choisir pour la sienne , & en prendre un soin digne de l'inclination
naturelle que Sa Majesté a pour les belles choses. Et comme l'intention de ce grand Monarque est , que tout ce qui peut contribuer à
la perfection de l'art , y soit enseigné , j'ai crû que je pouvois
d'autant mieux vous offrir ce petit Ouvrage ; & qu'ayant l'honneur
d'estre de vostre Compagnie , vous ne lui feriez pas un plus mauvais
accueil pour avoir passé par mes mains. Je vous supplie donc de ne
lui pas dénier la protection que je vous demande , & de croire que
je suis avec toute sorte d'estime & de respect ,

MESSIEURS,

Vostre très-humble & très-obéïssant
serviteur , F. TORTEBAT.

AU LECTEUR.

I les Arts ont cela de commun , qu'ils donnent des regles certaines pour agir , & qu'après y avoir employé quelque temps confiderable , on eft affuré du chemin que l'on y tient , ou du moins , on donne des raifons pertinentes de ce que l'on fait , le deffein , qui a efté eftimé le premier de tous les Arts liberaux , du temps qu'ils eftoient dans leur perfection , aura-t-il un fort moins favorable ? Il feroit , à mon avis , d'autant plus ridicule de l'avoüer , que fon rang le met au deffus des autres , dont il eft l'entrée , & dont il difpofe , comme il lui plaift , d'une maniere abfoluë , ayant pour objet non pas feulement l'imitation de la nature en quelque effet particulier ; mais de toute la nature en general. Cet objet fi vague , & qui s'eftend fur toute la nature , ne doit pas faire perdre courage au Peintre , & lui faire tomber le pinceau des mains. Je fuis d'accord avec lui , qu'il eft impoffible d'avoir toutes les connoiffances particulieres , & de fçavoir toutes chofes à fond : mais je croirois du moins qu'il feroit très à propos d'en avoir une teinture plus ou moins forte , felon la neceffité que nous en avons : afin qu'on ne puiffe pas objecter à un Art , qui eft la lumiere de l'entendement & la vie des plus beaux ouvrages , que fa beauté ne dépend que du hazard & du caprice , & que la raifon n'y a point de part. Il eft vray que la vie eft courte , & que les connoiffances ne s'acquierent que par un long temps ; mais il eft vray auffi , que l'on doit avoir indifpenfablement celles qui font abfolument neceffaires pour la perfection de l'Art ; comme du corps humain , qui eft le principal , le plus ordinaire , & le plus noble objet de la Peinture. Et c'eft ce qui m'a fait entreprendre ce petit Abregé d'Anatomie que j'ai tiré des meilleurs Auteurs que j'ai lus , avec tout le foin que ma curiofité m'a fait prendre. Je l'ai accommodé à la Peinture de telle forte , que l'on m'a voulu perfuader , qu'il fera trouvé non feulement facile & agréable , mais mefme très-utile à tous ceux qui ont quelque ambition de fe rendre habiles dans le Deffein.

Au refte , cet Abregé fera fi fuccint , qu'on n'aura pas lieu de fe plaindre du trop grand embaras de chofes differentes ; & l'œconomie que j'y garde , eft mefme toute nouvelle ; car ayant reconnu que ceux qui en ont écrit pour la Medecine , ont parlé d'une infinité de chofes inutiles aux Peintres , j'ai voulu que tout d'un coup l'on vît le Nom , l'Office & la fituation des Mufcles , d'un cofté , & la figure démonftrative , de l'autre. J'ai crû auffi qu'il eftoit neceffaire avant les Mufcles , de faire voir le Squelet , eftant le foutien des autres parties , & le principal baftiment du Corps Humain.

Il me femble entendre dire à quelques-uns : A quoy bon s'embaraffer l'efprit d'Anatomie , & fe mettre au hafard de tomber dans une matiere cruë & feche , comme a fait Michel-Ange ? Mais s'ils en connoiffoient l'importance & la neceffité , & s'ils eftoient bien perfuadez , comme il eft vray , que fans l'Anatomie ils ne peuvent jamais faire de contours juftes que par hafard , quand ils deffigneroient toute leur vie , ils changeroient bien-toft de penfée. Et la preuve de cela eft , que ne fçachant point l'Office du Mufcle , ils ne fçauront auffi jamais , quand il doit eftre enflé , ou quand il ne doit pas l'eftre ; puifque fa figure dépend de fon Office & de fon action. Et qu'on ne me dife pas , que le Naturel monftre affez , comme les contours des Mufcles doivent eftre , cela feroit bon , fi les Mufcles ne fe laffoient pas , & fi le Modele fe pouvoit tenir long-temps dans la mefme attitude , avec la mefme vigueur , que lorfqu'on l'a pofé dans le premier moment : mais à peine a-t-on efquifé fa figure , que le Modele eft contraint de chercher le fecours d'un bafton , ou d'une corde , pour continuer fon action , laquelle pour lors ne fait paroiftre , que des Mufcles lafches où ils devroient eftre fortement prononcez. Et c'eft ce qui fait faire de fi lourdes fautes à celuy qui deffigne fans connoiffance de ce qu'il voit , en forte , que le plus fouvent il fera un contour plat où il doit eftre enflé , & un autre enflé où il doit eftre plat.

En verité , ces fortes de Deffignateurs font bien dignes de compaffion : car quand ils auroient deffigné quarante ans d'après Nature , ils ne fe trouveroient , au bout de ce temps-là , pas plus affeurez dans leurs contours , que le premier jour , & ils croient cependant avoir beaucoup avancé , que d'avoir acquis une liberté de crayon , qui ne tend à rien , & de s'eftre fait une certaine routine de contours qu'ils ont appris , fi vous voulez , d'après l'Antique , ou d'après Raphaël , dont ils fe fervent à toutes rencontres fans fçavoir s'ils font à propos , fi l'action les demande ainfi , & enfin fans en pouvoir rendre aucune raifon. Ne foyez donc pas furpris fi ces gens là , après avoir deffigné fi long-temps , ne font aucun fruit confiderable ; & ne dites pas tant , que la vie eft trop courte ; mais dites qu'ils en employent mal le temps. On peut dire d'eux ce que les Fables nous difent des Danaïdes , Qu'ils perdent d'un cofté ce qu'ils puifent de l'autre , & paffent ainfi la vie fans fruit ; puifque c'eft fans réflexion & fans eftude.

Ceux au contraire qui voudront bien examiner la chose , & en parler de bonne foy , avouëront ingenuëment , que non seulement on ne peut pas , sans connoistre l'Office des Muscles , dessigner avec science & certitude ; mais qu'il est impossible de juger à fond & avec connoissance de cause , de la beauté du Nud , & de ces belles Antiques , qui sont l'admiration de tout le monde , & qui font voir , par la justesse de leurs contours , que ces merveilleux Genies , qui en sont les Autheurs , possedoient parfaitement l'Anatomie. Il y a mesme toutes les apparences du monde , qu'elle estoit avant toutes choses , très soigneusement enseignée dans les Academies , que composoient ces grands Hommes ; puisque toutes les Antiques que nous voyons , pour méchantes qu'elles soient d'ailleurs , ne manquent quasi jamais à ce principe , & c'est pour cela , que nous y voyons toujours quelque chose , qui tient de cette harmonieuse distribution de Muscles , que l'on remarque dans les Statuës les plus parfaites.

Il seroit , à mon avis , fort à propos , qu'à leur imitation les jeunes Estudians , après s'être acquis une liberté dans la main , & une facilité de dessigner la bosse , se missent fortement à estudier l'Anatomie , afin que dessignans d'après l'Antique , ils en connussent la beauté , & pussent rendre raison des contours qu'ils doivent imiter , ou que dessignans d'après le Naturel , ils pussent le voir par de bons yeux , & estre asseurez & inébranlables sur leur Ouvrage , estant prests de rendre bonne raison , pourquoy un tel Muscle est plus ou moins specifié dans un bras , par exemple , ou dans une Cuisse , & que dans l'autre il est tout au contraire , à raison des differentes actions & des Offices des Muscles.

Et si avec cela on vouloit bien se donner la peine en posant le Modele , de faire voir toutes ces differences , & d'en dire deux mots avec netteté , l'on verroit un profit qui n'est pas imaginable ; & je suis asseuré , qu'on apprendroit plus en six mois de cette maniere , que l'on ne feroit en dix ans , avec une pratique sans fondement & sans raison.

Ceux qui ont le plus excellé dans cette partie , ont esté les Egyptiens , & après eux , les Grecs , lesquels la porterent à tel point de perfection , qu'ils faisoient la plûpart de leurs figures nuës ; comme nous le voyons encore , par les Ouvrages qui ont passé en Italie. Et parmy les modernes , nous avons Michel-Ange , lequel depuis les Grecs , a sans contredit , mieux entendu , & plus sçavamment exprimé le Nud , qu'aucun autre de son temps. Il ne s'est pas contenté d'en sçavoir la superficie , il a voulu luy-même disséquer plusieurs fois des Corps , pour estre plus asseuré de ce qu'il vouloit apprendre sans s'en rapporter à d'autres. Il y en a qui l'accusent , d'avoir fait ses Figures trop musclées , & de n'avoir pas mesme épargné les femmes , ni les petits enfans ; & peut-estre ont-ils quelque raison : car il semble qu'il n'a pas gardé en cela , toute la moderation qui eust esté à souhaiter , pour la perfection de ses Ouvrages ; mais d'ailleurs , c'est une heureuse faute pour ceux qui en veulent tirer quelque profit ; puisqu'en voulant faire voir qu'il estoit sçavant , il nous a parfaitement instruits à ses dépens. Et en verité , nous sommes , plus que nous ne pensons , redevables à sa noble ambition. Profitons donc de celle qu'elle nous offre , & sur tout , n'oublions pas , qu'il y a une peau qui couvre les Muscles , qui les adoucit , & les rend plus ou moins sensibles , selon l'âge & le sexe. Le Titien s'en est merveilleusement bien souvenu : car bien qu'il eût parfaitement possedé l'Anatomie , comme nous le monstrent assez ces belles Figures Anatomiques , qu'il dessigna pour les œuvres de Vesale , il a néantmoins peint ses chairs avec une delicatesse & une tendresse si grande , qu'il ne se peut rien davantage. Leonard de Vinci a cru qu'elle estoit si necessaire , qu'outre un traité qu'il en avoit fait , & qu'il vouloit mettre au jour , (comme il le temoigne luy-mesme dans son Livre sur la Peinture) sa curiosité l'avoit mesme porté à faire l'Anatomie des Chevaux. Nous avons encore Raphaël , Bache Bandinelle , Daniel de Volterre , Perrin del Vague , le Rosse , Marc de Sienne , Gaudentio , le Salviati , & plusieurs autres habiles Hommes , qui se sont faits une maniere grande , ferme & asseurée par le moyen de l'Anatomie.

Deux choses arrestent , pour l'ordinaire , l'estude de l'Anatomie. La premiere , que l'on s'en fait un fantosme , que l'on en croist l'estude espineuse & de longue haleine : mais quand on voudra examiner de plus près les choses fascheuses que l'on s'imagine , on n'y trouvera asseurément rien de terrible , que la peur mesme , à laquelle on s'est laissé surprendre ; car il est certain qu'il n'y a personne , qui voulant bien y donner quinze jours avec application , n'en sçache autant qu'il en faut , pour en tirer un profit très-considerable dans la suite de ses estudes. La seconde vient de la qualité des Livres qui en traitent , ou p'ustot de la façon , dont ils en traitent , lesquels estant faits pour la Medecine , sont pleins & embarrassez de quantité de choses inutiles aux Peintres ; en sorte que , parmy cette grande forest de difficultez , on a peine à reconnoistre ce qui est necessaire , d'avec ce qui ne l'est pas : & c'est à quoy j'ai crû avoir apporté quelque remede , en vous donnant ce petit Abregé.

Je pourrois adjouter un troisiéme empeschement ; mais il est commun à toutes les autres parties de la Peinture : C'est que ceux qui ont beaucoup d'esprit & beaucoup de génie , croyent pour l'ordinaire que cela leur doit suffire , sans estudier si fort , s'imaginant , que pourveu qu'ils fassent quantité d'ouvrage , il doit estre bien. Je me fais une image de ces gens-là , comme d'un Aveugle qui auroit de très-bonnes jambes , & qui s'imaginant les employer pour aller bien loin , tomberoit de foſſe en foſſe , & de precipice en precipice. Je ne dis pas que tous ceux qui ont du genie en uſent de la ſorte , mais le nombre en eſt grand , & principalement dans noſtre France , où il ſemble que l'eſtude & les reflexions ne ſoient pas ſi fort à la mode que chez nos Voiſins.

Ce n'eſt pas pourtant , que nous ne ſoyons auſſi propres qu'eux à toutes les ſciences , pourveu que nous le voulions : & la France n'a pas été privé d'habiles Hommes , qui ont toujours travaillé avec ſuccès , dont les Cabinets de Paris , & les palais des grands Seigneurs conſervent encore les Ouvrages. J'adjouteray donc ſeulement , que ſi l'on prend peine de s'aſſujectir de bonne heure à l'Anatomie , qui eſt le fondement du Deſſein & la regle des beaux contours , j'eſpere qu'on reconnoiſtra bien-toſt par des effets ſenſibles , l'avantage qu'on en tirera ; pourveu qu'on accommode cette ſcience à l'ouvrage des Grecs , & à la nature en meſme temps ; car l'eſtude doit ſervir de fondement à l'uſage , comme l'uſage doit ſervir de confirmation à l'eſtude.

L'ordre que je voudrois que l'on y tint , eſt ; premierement , de ſçavoir le baſtiment des Os. 2. La ſituation des Muſcles , au moins exterieurs & leur enchaiſnement. 3. Leurs noms , pour pouvoir s'en entretenir. 4. Leurs Offices (ce qui eſt le plus délicat & le plus fin de l'Anatomie Pittoreſque.) 5. De les confronter avec ceux de quelque belle figure Anatomique de ronde boſſe , & la deſſigner de tous coſtez , pour s'en faire une connoiſſance facile , & une parfaite habitude 6. Enfin , d'en faire rapport avec les plus belles Antiques , & avec la Nature meſme ; faiſant faire au Modele des actions qui vous donnent la connoiſſance de ce que vous cherchez : mais pour en avoir toute la ſatisfaction , il faut que le Modele ſoit extrêmement muſclé , & qu'il ait peu de graiſſe.

Je vous donneray avis en paſſant , qu'il ſe voit quantité de figures Anatomiques de ronde boſſe , mais peu de belles & de correctes. Il y en a deux entr'autres que l'on attribuë fauſſement à Michel-Ange , & qui ſont plus propres à éblouïr les yeux , qu'à donner de veritables inſtructions. Il eſt vray qu'elles ont un je ne ſçay quoy de grand ; mais les contours n'en ſont pas bien purs , & les Muſcles y ſont alterez mal à propos en beaucoup d'endroits. Celle qui me plairoit davantage en eſt une que l'on dit eſtre du Chivoli , je la trouve ſimple , correcte & de bon gouſt.

Après tout , je croy qu'il y aura peu de perſonnes , qui ne ſoient bien-aiſes de feüilleter quelquefois ce petit Abregé , quand on conſiderera les grands avantages qui en reviendront , comme ſont ceux de faire un grand progrès dans le deſſein en peu de temps , d'eſtre aſſeuré de ce que l'on fait , de ſe mettre en eſtat de profiter des belles choſes , de les connoiſtre parfaitement & d'en rendre raiſon ; enfin de ſe faire une maniere ferme , grande & terrible , comme il eſt arrivé à tous ceux qui ont poſſe-dé cette partie.

Ce n'eſt pas que je veüille perſuader , que l'Anatomie ſoit abſolument capable d'elle meſme & toute ſeule de vous faire produire de très belles choſes , & de vous donner le bon gouſt ; elle eſt pour la ſcien-ce devant que d'eſtre pour l'agrément , en ſorte que ſi avec l'eſtude de l'Anatomie , l'on n'avoit ja-mais veu qu'un naturel meſquin , l'on deſſigneroit d'un très méchant gouſt , quoyque très ſçavam-ment : mais ſi vous y joignez le bon gouſt , la belle nature , & les proportions de l'Antique , vous ferez des miracles ; & ces dernieres choſes ſe devant toujours ſuppoſer , voyez de quelle utilité eſt l'Anato-mie.

Que ſi après cela , il ſe trouve des perſonnes ſi peu affectionnées au ſoulagement & au progrès de la Jeuneſſe , que d'avoir d'autres ſentimens , je les prie de conſiderer , qu'il n'y a pas à déliberer ſur ce que j'avance , & que ce ſont toutes choſes de fait.

Pour ce qui eſt des Figures , elles ſont d'après celles , que le Titien avoit deſſignées pour le Livre de Veſale ; vous les trouverez aſſeurément fort juſtes ; & je m'en ſuis ſervi , parce que j'ay crû qu'il eſtoit impoſſible de mieux faire pour le ſujet.

Cet Ouvrage n'eſtant donc ſorti que d'habiles gens , j'eſpere que s'il y a quelque critique qui y trouve à redire , du moins il y pourra avoir quelque choſe en cecy qui ne déplaira pas à tout le monde.

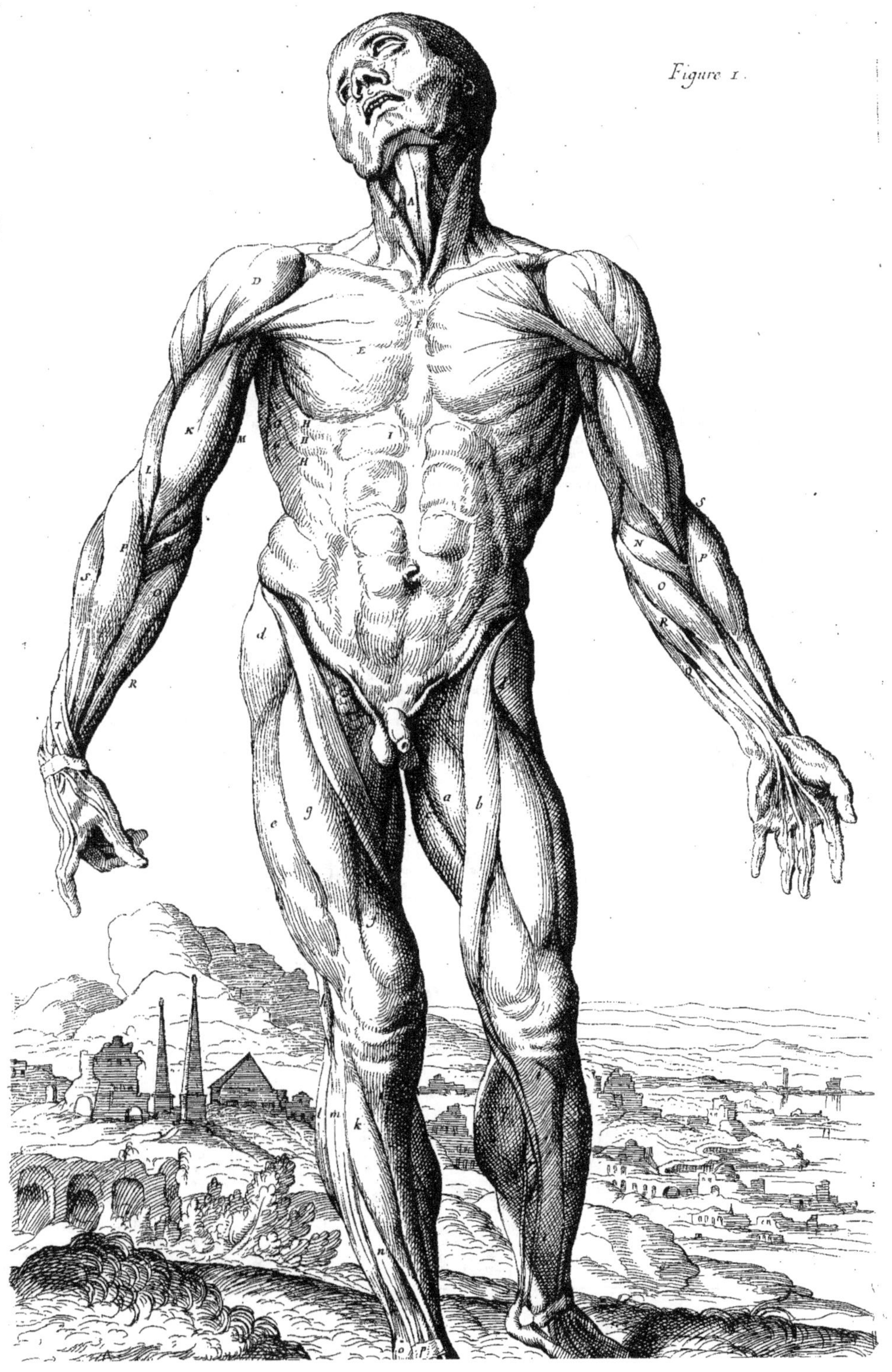

Figure 1.

PREMIERE TABLE.

Cette Figure est dénuée de Peau, de Graisse, de Membrane charnuë, de Nerfs, de Veines & d'Arteres qui sont pardessus la surface du Corps. Titien l'avoit dessinée exprès pour les Peintres, comme Vesale le témoigne.

	NOMS.		ORIGINE ET INSERTION.		OFFICE.
	Les Noms que vous voyez cy-dessous, sont ceux dont les Medecins se servent; il est plus que raisonnable d'en convenir avec eux, & de les suivre en cela, comme dans le reste de l'Anatomie. Ne vous en embarrassez pas; car les Noms ne servent que pour expliquer les choses, & pour s'en entretenir.		*De l'Origine & de l'Insertion du Muscle, dépend la qualité de son action: parce que, quand il agit, il tire toûjours du côté de son principe, comme pour y joindre la partie où il est inseré. Ses deux extremitez sont nerveuses, & son Milieu charnu; mais rempli de plusieurs Fibres, qui venant à se joindre du costé de l'Insertion, composent un fort Tendon, qui est comme une corde adherente & fortement attachée à l'Os; ces cordes paroissent plustost dans les Muscles des Extremitez, que dans ceux du Coffre.*		*Touchant l'office des Muscles il faut avoir pour regle generale, que toutefois & quantes que le Muscle fait mouvoir un Os, & qu'il le tire de son costé, pour lors il est plus court, plus élevé & plus apparent; parce qu'il se ramasse dans son Milieu: & tout au contraire, lorsque le Muscle laisse aller l'Os qui est tiré d'un costé opposé, son ventre s'allonge & s'étressit: c'est pourquoi le Peintre doit prendre garde principalement au ventre, ou milieu du Muscle, & se souvenir, que le mouvement du Muscle suit toûjours l'ordre des Fibres, qui vont de l'Origine à l'Insertion, & qui sont comme autant de filets parmi la Chair.*
D	Deltoïde.	D	Vient d'une grande partie de la Clavicule, & de toute l'Espine de l'Omoplate; & va pardessus la jointure du Bras, finir à la partie superieure & posterieure de l'Os du Bras.	D	Ce Muscle eleve le Bras: il est composé de plusieurs Lobes, qui se joignent toutes en un seul Tendon.
E	Pectoral.	E	Prend son origine de presque tout le Sternum & de la 6e & 7e & quelquefois 8e Coste; va finir à l'Os du Bras entre le Deltoïde & le Biceps.	E	Amene le Bras vers l'Estomac.
F	Le Sternum, le Brechet, ou l'Os de la Poictrine, que quelques-uns divisent en 7. & d'autres en 4. ou 5. Toutes lesquelles divisions s'unissent par l'âge, & ne font à la fin qu'un seul Os.	G	Prend son origine de toute la partie interieure de la Base de l'Omoplate, & va transversalement s'inserer aux 8. Costes superieures; il va quelquefois jusqu'à la neufiéme.	F	Cet Os est toujours sans Chair, & ne peut estre couvert que de la Peau, de la vient que l'on y voit paroistre le bout des Costes qui y sont appuyées, à moins que la Graisse n'en empesche, comme il arrive aux Femmes & aux jeunes Hommes.
G	Grand Dentelé.	H	Vient de la 6 ou 7e Coste du Thorax joignant le grand Dentelé par digitation, & va s'inserer à la Coste exterieure de l'Os des Iles & de l'Os Pubis, & se va perdre par un Tendon fort étendu & fort mince à la Ligne blanche. Cette opinion est la plus commune, mais j'aimerois mieux dire que son origine est en bas, & son Insertion en haut, à raison de son action. Voyez dans la figure troisiéme la lettre I. La ligne blanche est une espece forte & nerveuse, dont la couleur est blanche. Cette Ligne separe les Muscles droits: elle s'étend depuis le Sternum, passant par le nombril, jusqu'à l'Os Pubis. Pour le Muscle Droit, Voyez	G	Ce Muscle finit, comme vous voyez, en forme de doigts au nombre de 8. dont vous n'en voyez que 4. les autres étans cachez sous le Pectoral (vous les pouvez voir à découvert dans la quatriéme Figure.) Il se joint avec le Muscle Oblique externe par digitation; c'est-à-dire, comme des doigts qui s'entreserrent les uns dans les autres. Ces 2. Muscles servent à la respiration, & se font voir d'autant plus distinctement, que le Corps agit avec violence, & se porte davantage du costé opposé, faisant par cette action étendre la Peau qui en devient moins épaisse; mais le contraire se fait de l'autre côté: car la Peau venant à se ramasser, ne vous fait voir les dents de ces Muscles que confusement, encore vous en ostera-t'elle la vûë par ses plis, si le Corps est fort panché: ce qui arrive plus ordinairement aux Vieillards, dont la Peau est moins adherente au Muscle.
H	Oblique externe.	II	la troisiéme Figure.	H	
II	Droit.	K	Ce Muscle est appellé Biceps, à cause de *Bina capita*, qu'il a deux têtes: il vient de l'emboiture de l'Omoplate de part & d'autre; & va s'inserer au commencement du Radius.	II	Ce Muscle oblique couvre tout le ventre: mais il est si mince pardessus le Muscle Droit, qu'il ne l'empesche non plus de paroistre, que s'il n'y avoit rien du tout; d'où vient mesme qu'avec la Peau ce Muscle Droit ne laisse pas que de beaucoup paroistre: vous le verrez à découvert dans la troisiéme Figure marqué par *I*, où je reserve d'en parler, & où vous verrez les autres Offices des Muscles Obliques.
K	Biceps.	L	Prend son origine an commencement ou environ de l'Os du Bras, y estant fortement attaché; & va s'inserer pardessous le Biceps à la partie superieure de l'Os du Coude.	K	Fléchit l'Avant-bras avec celui qui est dessous, marqué *L*.
LL	Brachial.	N	Vient de la teste interne de l'Os du Bras; & va obliquement s'inserer à la partie interne du Rayon.	L	Ce Muscle dont vous ne voyez qu'une partie, fléchit l'Avant-bras avec le Biceps; je l'ai marqué de deux lettres, afin qu'on ne crût pas que ces deux endroits marquez fussent deux Muscles differens. Voyez-le dans la quatriéme Figure marqué par *e*.
M	Portion de l'Extenseur du Coude dont il sera parlé en la 5. Figure.	O	Vient de la teste interne de l'Os du Bras; & va montant obliquement pardessus l'Os du Rayon, finir au premier Os du Metacarpe, qui soustient le Poulce.	M	*N. O. P. Q.* Il n'est pas necessaire de parler de tous ces Muscles en particulier, leur Nom dit assez leur Office: vous sçaurez seulement que Pronateur veut dire, qui tourne en bas du costé de la terre; & Supinateur, qui tourne en haut devers le Ciel. Pour le Palmaire, c'est un Muscle qui passant de la Paulme de la Main, s'attache aux quatre doigts par autant de Tendons pour les fléchir. Vous sçaurez encore, que tous ces Muscles qui sont dans l'Avant-bras ne sont jamais si marquez que quand la main est fermée, ou qu'elle serre quelque chose de toute sa force; parce que les Muscles du dedans agissant avec violence dans cette action, & se ramassans au-dedans du Bras, poussent ceux qui sont au dehors & les font paroistre davantage; ce qui n'arrive point du tout dans l'action contraire, je veux dire dans l'Extension des Doigts. Les autres Muscles s'expliqueront dans les Figures suivantes.
N	Rond Pronateur du Rayon.	P	Vient de la partie inferieure du Bras; & s'en va en la partie inferieure du Rayon.		
O	Flechisseur superieur du Carpe.	Q	Vient de la teste interne de l'Os du Bras, & va en descendant le long de l'Os du Coude finir au 4e Os du Metacarpe, qui est au dessous du Petit Doigt.		
P	Long Supinateur du Rayon.	R	Vient de la teste interne de l'Os du Bras, & va dans la Paulme de la Main se distribuer aux quatre doigts.		
Q	Flechisseur inferieur du Carpe.	S	Vient du dessous de la teste externe de l'Os du Bras & s'en va à 2. ou 3. Os du Metacarpe.		
R	Palmaire.	T	Ce Muscle est double; il vient d'environ le milieu de l'Avant-bras, & se va inserer obliquement aux jointures du Poulce.		
S	Extenseur superieur du Carpe.	A	Vient du Sternum, & va s'inserer à l'Os Yoïde, appellé par le vulgaire, Morceau d'Adam.		
T	Extenseur du Poulce.	B	Vient du Sternum & d'une partie de la Clavicule; & va s'inserer à une partie de l'Os de la Temple.		
A	Sternoyoïde, ainsi nommé à cause de son Origine & de son Insertion.	C	Voyez la cinquiéme Figure de ce Muscle.	AB	Ces deux Muscles n'estant pas bien gros, leur mouvement est peu sensible. Le premier sert au mouvement de l'Os Yoïde, & le tire en bas; & l'autre tire la Tête, & la baisse en devant.
B	Mastoïde.				
C	Portion du Trapeze.				
	Les Muscles cy-dessous seront expliquez dans les figures suivantes. Ne les voyez pas icy, qu'après les avoir compris en leur lieu, où j'en parle plus amplement.				
a	Triceps.				
b	Cousturier.				
c	Portion du Gresle.				
d	Membraneux.				
e	Vaste externe.				
f	Vaste interne.				
g	Droit.				
h	Portion du Biceps de la Iambe.				
i	L'Os de la Iambe sans chair.				
k	Iambier anterieur.				
l	Portion du Gemeau externe.				
m	Esperonnier.				
n	Extenseur des Orteils.				
o	La Cheville ou Malleole interne.				
p	L'Anneau sous lequel passent les Muscles.				
q	Portion du Gemeau interne.				
r	Portion du Solaire.				

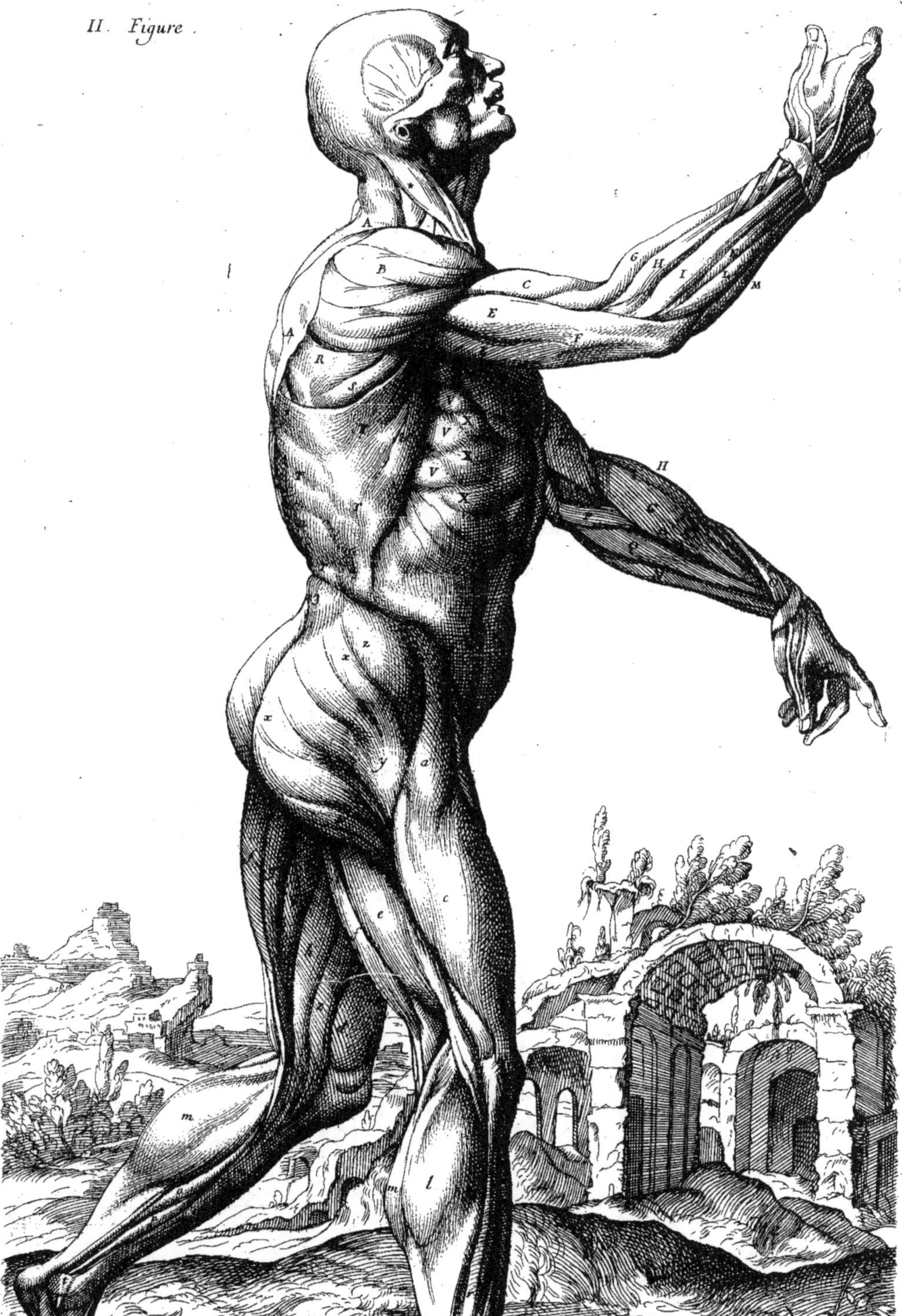
II. Figure.

	NOM.
*	Maftoïde.
A	Portion du Trapeze.
B	Deltoïde.
C	Portion du Brachial.
D	Biceps.
EE	Les Extenseurs du Coude.
F	L'union des 2. susdits Extenseurs.
G	Long Supinateur du Rayon.
H	Extenseur superieur du Carpe.
I	Extenseur des Doigts.
K	Extenseur du petit Doigt.
L	Extenseur inferieur du Carpe.
M	Fléchisseur inferieur du Carpe.
N	Palmaire.
O	Extenseur du Poulce.
P	Rond Pronateur du Rayon.
Q	Fléchisseur superieur du Carpe.
R	Sous-espineux.
S	Abaisseur propre.
T	Très-large.
V	Grand Dentelé.
X	Oblique externe.
Y	Pectoral.
Z	Portion du Cousturier.
a	Membraneux.
b	Portion du Droit.
c	Vaste externe.
d	Vaste interne.
e	Biceps.
f	Demi-nerveux.
g	Demi-membraneux.
h	Grefle.
qq	Deux Portions du Triceps.
l	Gemeau externe.
m	Gemeau interne.
n	L'Os de la Jambe.
o	Portion du Solaire.
p	Portion du Fléchisseur des Orteils.
r	Esperonnier.
ſ	Extenseur des Orteils.
t	Malleole ou Cheville interne.
u	Malleole externe.
xxx	Grand Fessier.
y	Grand Trocanter.
z	Portion du 2. Fessier.

J'ay crû qu'il n'estoit pas hors de propos de vous mettre devant les yeux cette Figure veuë de costé, pour vous confirmer la situation des Muscles dont je parle ailleurs. Je n'en diray donc icy rien que les Noms, à la reserve pourtant du Muscle Très-large, dont vous ne verrez pas l'Insertion dans les autres Figures aussi commodément que dans celle-cy. Il prend son Origine de l'Os Sacrum, de l'Os des Iles, de toutes les Vertebres des Lombes, & de six ou sept Vertebres du Thorax estant fort dilaté, revestant tout ce qui est de fausses Costes & la partie inferieure des cinq Costes vrayes & inferieures du Thorax, passe d'un costé pardessus l'angle inferieur de l'Omoplate, où il s'attache en passant, & va trouver l'Os du Bras, se joignant avec l'Abaisseur propre. L'Origine de ce Muscle estant donc de grande estenduë, il faut qu'à son Insertion il soit extrémement épais & massif, comme vous le voyez à la marque &. Pour son Origine, elle est à peu près marquée 1. 2. 3. vous le verrez dans toute son estenduë dans la cinquième Figure.

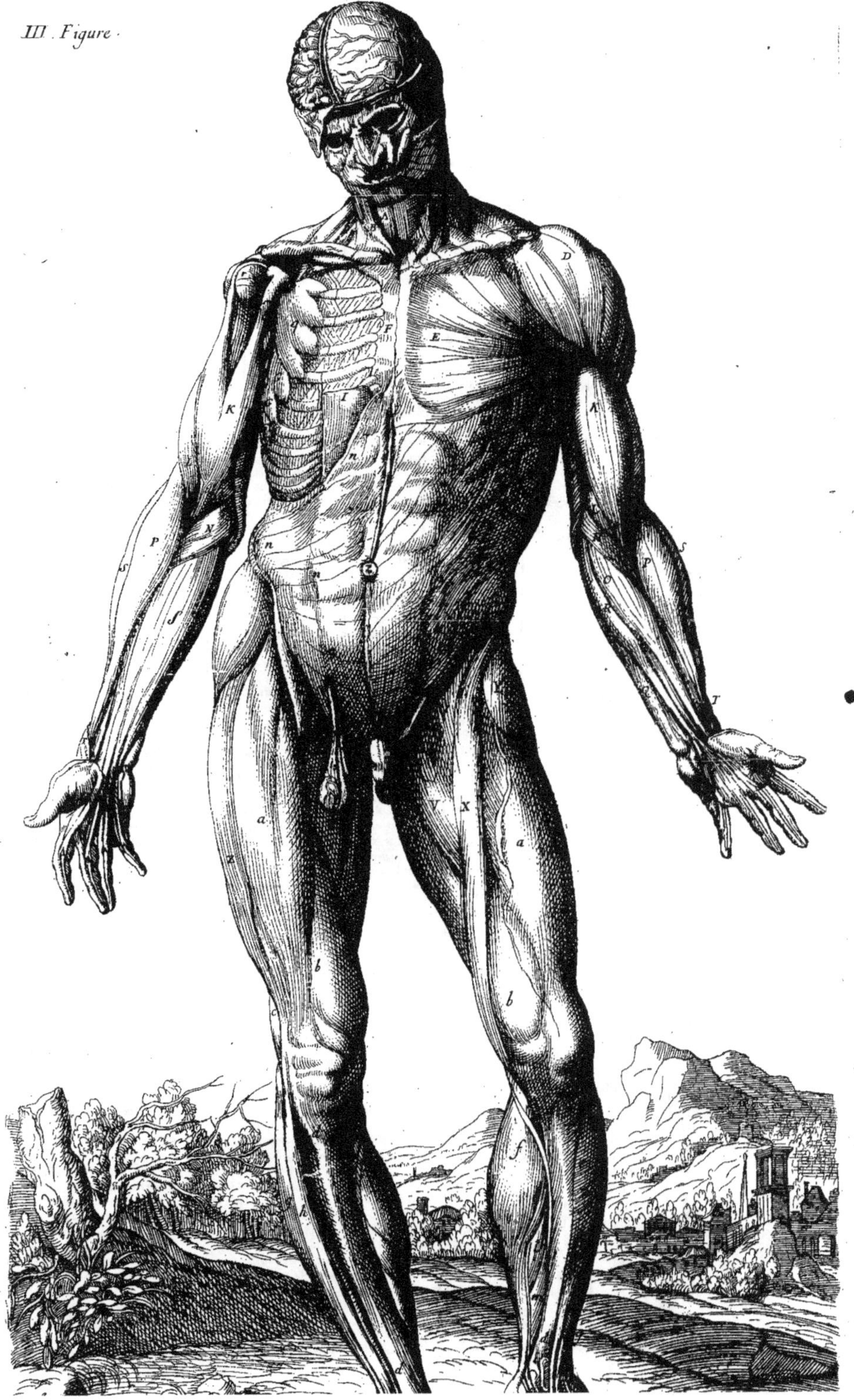
III. Figure.

TROISIE'ME TABLE.

Cette Figure eſt dépoüillée de ſa Peau d'un coſté du Corps ; & de l'autre, de la pluſpart des premiers Muſcles. Il ſuffit d'en voir la moitié, parce que les Muſcles ſont pareils & en meſme nombre d'un coſté que d'autre.

NOMS.

A — Sternoyoïde.
B — Maſtoïde.
C — Portion du Trapeze.
D — Deltoïde.
E — Pectoral.
F — Sternum, ou Os de la Poitrine.
G — Grand Dentelé.
H — Oblique externe.
I — Portion du Droit.
K — Biceps.
L — Brachial.
M — Portion de l'Extenseur du Coude.
N — Rond Pronateur du Rayon.
O — Flechiſſeur superieur du Carpe.
P — Long Supinateur du Rayon.
Q — Flechiſſeur inferieur du Carpe.
R — Palmaire.
S — Extenseur superieur du Carpe.
T — Extenseur du Poulce.
V — Triceps.
X — Couſturier.
Y — Membraneux.
Z — Vaste externe.
a — Droit.
b — Vaste interne.
c — Portion du Biceps de la Cuisse.
d — L'Os de la Jambe sans chair.
e — Jambier anterieur.
f — Gemeau interne.
g — Esperonnier.
h — Extenseur des Orteils.
i — La Cheville ou Malleole interne.
l — Portion du Solaire.
m — Portion du Flechiſſeur des Orteils.
n — Oblique interne.
q — Petit Dentelé.
r — La Teste de l'Os du Bras.
s — Cette Maſſe de Chair eſt composée de pluſieurs Muscles, qui ne servent qu'à flechir les Doigts, je n'en diray pas les Noms de peur de charger la memoire : il ſuffit de vous dire que le Palmaire en eſt oſté.
t — Extenseur des Orteils.

ORIGINE ET INSERTION.

I — Prend ſon Origine à l'Os Pubis, & va s'inſerer à coſté du Cartilage Xiphoïde. Il y en a qui tiennent tout au contraire ; qu'il prend ſon Origine à côſté du Cartilage Xiphoïde ; & qu'il va s'inſerer à l'Os Pubis : mais la premiere opinion me ſemble plus vray-ſemblable, à cauſe qu'il tire le Corps en devant & qu'il le ſoutient lorſqu'il eſt panché en arriere, ou qu'il eſt ſur le dos. (On en peut dire autant des deux obliques externes, ſçavoir, que leurs Origines ſont en bas, & leurs Inſertions en haut : parce qu'ils contribuent à la même action.) Toutes ces Eminences & Cavitez que nous voyons ſur le Ventre depuis le Sternum juſqu'au Penil, ne ſont donc pas pluſieurs Muſcles differents, comme beaucoup s'imaginent ; mais un ſeul diviſé en pluſieurs Interſections, qui ſont autant de Bandes pour le fortifier à cauſe de ſa longueur.

V — Vient de l'Os Pubis, & de l'Os Iſchium ; & va s'inſeter au-dedans de l'Os de la Cuiſſe.

X — Vient de l'Eſpine de l'Os des Iles ; & ſe va inſerer obliquement à la partie interieure de l'Os de la Jambe.

Y — Vient de l'Os des Iles ; il eſt charnu dans ſon principe, & finit par une Membrane qui enveloppe tous les Muſcles qui couvrent la Cuiſſe ; & va finir ſur ceux de la Jambe.

Z — Vient du grand Trocanter, & embraſſe le Genoüil de ſon Tendon.

a — Vient de l'Os des Iles, & couvrant le Crural, il s'étend le long de la Cuiſſe entre les deux Vaſtes, avec leſquels il finit en enveloppant la Rotule d'un fort Tendon.

b — Prend ſon Origine au petit Trocanter, & va envelopper le Genoüil avec le Droit, & le Vaſte externe. Lorſqu'une Figure debout repoſe ſur ſa Jambe, l'on voit ordinairement au-deſſus du Genoüil certaines Eminences, qui ne ſont autre choſe que les rides & les replis des Tendons de ces trois Muſcles joints avec la peau, leſquels eſtant fort attachez deſſus la Rotule, remontent avec elle, & font ces plis, qui diſparoiſſent auſſi-roſt que le Genoüil vient à ſe flechir & que la Rotule deſcend. La Figure d'Antin vous fera voir parfaitement ces differences dans l'un & l'autre de ſes Genoüils.

c — Vient de la tête exterieure de l'Os de la Jambe, appellé Tibia ; & s'en va finir par un gros Tendon au gros Os du Metacarpe.

h — Vient du plus haut de la Jambe, & ſe coulant deſſous le Jambier anterieur, continuë ſon chemin entre ledit Jambier & l'Eſperonnier, pour aller trouver les Orteils.

n — Vient de l'Os des Iles, & des Vertebres des Lombes ; & s'inſere aux fauſſes Coſtes interieurement ; & par une large Membrane, va finir par deſſus le Droit, à la Ligne Blanche. La premiere Inſertion de ce Muſcle qui eſt aux fauſſes Coſtes, donne le commencement de la Cavité que nous voyons tout le long du Muſcle Droit depuis 2. juſqu'à 3. Cette longue Cavité eſt comme une valée entre deux montagnes, dont l'une eſt cauſée par la maſſe des Boyaux, & l'autre par cinq ou ſix Muſcles : qui s'uniſſent & paſſent l'un ſur l'autre pour s'attacher à l'Os des Iles.

q — Prend ſon origine, comme vous voyez, de la 2. 3. 4. & 5. Coſte ; & va trouver l'Omoplate, pour la tirer en devant. Ce Muſcle cache une partie du grand Dentelé ſur lequel il eſt.

t — Voyez la lettre *h* dans la Jambe droite, qui eſt le meſme Muſcle que celui-cy.

OFFICE.

Les Muſcles dont je ne dis rien icy, ont eſté déja expliquez dans la premiere Figure, ou s'expliqueront dans les ſuivantes. J'en uſerai ainſi dans la ſuite de cette Methode.

I — Ce Muſcle s'étend tout le long du Ventre de la largeur que vous voïez : il eſt diviſé en 4. parties, & ſouvent en 5. (Voyez la Figure ſuivante) par de fortes Interſections nerveuſes, qui ſont autant de Bandes qui croiſent la Ligne Blanche pour fortifier le Muſcle, à cauſe de ſa longueur ; de ſorte que ſi la Figure que l'on repreſente eſt ſvelte, il ne faut pas craindre d'y ſpecifier au-deſſous du Nombril une de ces interſections ; puiſqu'on peut meſme en uſer de la ſorte, dans les Figures d'une meſure ordinaire & bien proportionnée : mais dans les Figures que l'on veut, pour certaines raiſons, faire plus courtes, il eſt bon de ne l'y pas marquer. Ces Interſections ne ſont pas tout à fait également diſtantes : mais il y en a toujours trois au-deſſus du Nombril ; & des trois parties qu'elles y font, celle du milieu eſt toujours la plus grande. Pour l'Interſection qui eſt près du nombril, le naturel n'eſt pas toujours le meſme : il y en a qui l'ont droit au milieu du nombril, quelques-uns un peu au deſſus, & d'autres encore plus élevé : les deux premieres façons ſe voyent plus ordinairement dans les Antiques. Ce Muſcle donc, ainſi fortifié par ſes Interſections nerveuſes, ſert à relever le Corps lorſqu'il eſt couché ſur le dos, & à ſoutenir ſon poids quand il panche en arriere. Les Muſcles Obliques lui prêtent ſecours en cette action : mais ſouvenez-vous, que l'endroit des deux Obliques qui couvre ce Muſcle eſt fort mince, & que les Interſections nerveuſes en ſont tellement bandées, que la Peau ne les peut dérober à la vûë. Ce Muſcle eſt double, comme tous ceux du Corps, & n'eſt ſéparé d'avec ſon compagnon que par une grande Bande nerveuſe, appellée la Ligne Blanche, qui s'étend depuis le Sternum, juſqu'à l'Os Pubis.

V — Ce Triceps eſt cette Maſſe de Chair que vous voyez entre le Couſturier & l'Os Pubis : il ſert à tourner la Cuiſſe en dedans.

X — Ce Muſcle fait tourner la Jambe en dedans, & l'amene ſur l'autre en forme de croix, comme les ont les Couſturiers ; d'où lui eſt venu ſon nom.

Y — Ce Muſcle eſt tout contraire au Couſturier : car ſon Office eſt de tourner la Jambe en dehors. Il enveloppe tous les Muſcles de la Cuiſſe & de la Jambe par une grande Membrane, d'où il prend ſon nom de Membraneux, & n'eſt charnu que juſqu'au grand Trocanter ; c'eſt pourquoy il ne faut le conſiderer que juſqu'à ce ſeul endroit.

Z, a, b — Le Vaſte externe, le Droit & le Vaſte interne, ſervent à étendre la Jambe avec un autre Muſcle appellé Crural, que vous verrez dans la quatriéme Figure, marqué par *u*. Remarquez que le Vaſte interne eſt fort charnu auprès du Genoüil.

e — Ce Muſcle flechit le Pied, & le tire en haut.

h — Le nom de ce Muſcle dit aſſez ſon Office, il agit ordinairement avec le Jambier anterieur, vous n'en voyez ici que les Tendons, il eſt à découvert dans la Jambe droite ; & marqué par *t*.

n — Quoique ce Muſcle ait les Fibres tout à fait contraires au Muſcle Oblique externe, ils ne laiſſent pas tous deux de faire la meſme action, qui eſt de contribuer avec le Droit à lever & à ſoutenir le Corps lorſqu'il eſt couché & panché ſur le Dos. Ces deux Obliques avec le Tranſverſal qui eſt deſſous, marqué *m*, dans la quatriéme Figure, ne font qu'une Maſſe large.

q — Tire l'Omoplate de ſon coſté, & dans cette action fait enfler le Pectoral ſous lequel il eſt.

t — Voyez la lettre *h* dans la Jambe droite.

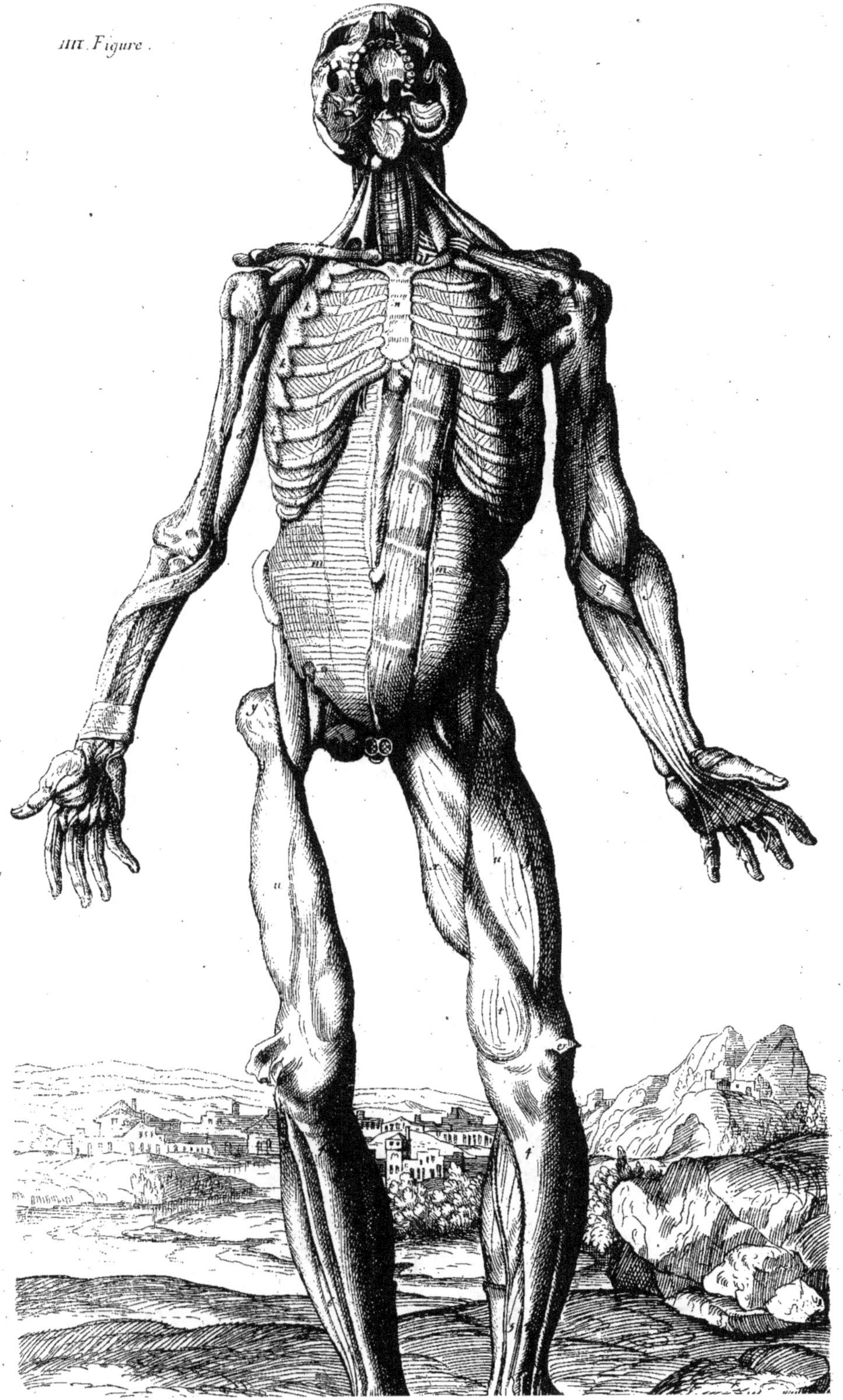
IIII. Figure.

QUATRIE'ME TABLE.

Vous voyez par cette Figure les Muscles de deſſous , & la place qu'oc-cupoient ceux de deſſus ; prenez-y ce que vous jugerez neceſſaire pour l'Art & pour ſatisfaire votre curioſité. Je croy qu'il n'eſt pas mau-vais de les ſçavoir pour deux raiſons ; & parce qu'ils contribuent aux Maſſes , & parce qu'ils pouſſent ceux de deſſus quand ils agiſſent.

	NOMS.		ORIGINE ET INSERTION.		OFFICE.
b	Le dedans de l'Epaule.	e	Prend ſon Origine du milieu, ou environ de l'Os du Bras, y eſtant fortement attaché ; & va s'inſerer par un large Tendon pardeſſus le Biceps à la partie ſuperieure de l'Os du Coude. Il y en a qui admettent un Brachial poſterieur ſous les Extenſeurs, & nomment celui-ci Anterieur : je le croirois aſſez ; mais Gallien veut que ce ne ſoit qu'une maſſe de chair attachée aux extenſeurs.	e	Fléchit l'Avant-bras avec le Biceps.
c	L'Os du Bras.			l	Ce Muſcle eſt expliqué bien au long dans la precedente Figure.
d	L'un des Extenſeurs du Coude.				
e	Brachial.				
f	Long Supinateur du Rayon.				
g	Rond Pronateur du Rayon.			m	L'Office du Tranſverſal vous doit importer fort peu, puiſqu'il ne ſert qu'à fortifier la Membrane cõmune des Boyaux appellée Peritoine. Il eſt fort large, & ſes Fibres vont, comme vous voïez, tous en traverſant, d'où il a pris ſon nom de Tranſverſal. Cela ſoit dit en paſſant.
h i	Fléchiſſeurs des Doigts.				
k	Grand Dentelé.				
l	Droit.	l	Voyez la Figure precedente ſur ce Muſcle.		
m	Tranſverſal.	m	Vient des Vertebres des Lombes, & de la partie poſterieure de l'Os des Iles, & va finir à la Ligne Blanche.		
n	Sternum.				
o	Clavicule.				
p	Un autre Pronateur du Rayon.				
q	L'Os du Coude.				
r	L'Os du Rayon.				
ſ	Vaſte externe.	u	Le Crural eſt attaché à l'Os de la Cuiſſe, comme le Brachial à l'Os du Bras : il prend ſon Origine entre les deux Trocanters ; & va envelopper la Rotule, ne faiſant qu'un Tendon avec le Droit & les deux Vaſtes.	u	Ce Muſcle eſtend la Jambe avec le Droit, & les deux Vaſtes.
t	Vaſte interne.				
u	Crural.				
x	Triceps.				
y	Grand Trocanter.				
z	Portion du Tendon du Vaſte externe.				
&	Portion du Tendon du Droit				
1.2.3.	Extenſeurs des Orteils.				
4.	L'Os de la Jambe.				
5.6.	Fléchiſſeurs des Orteils.				

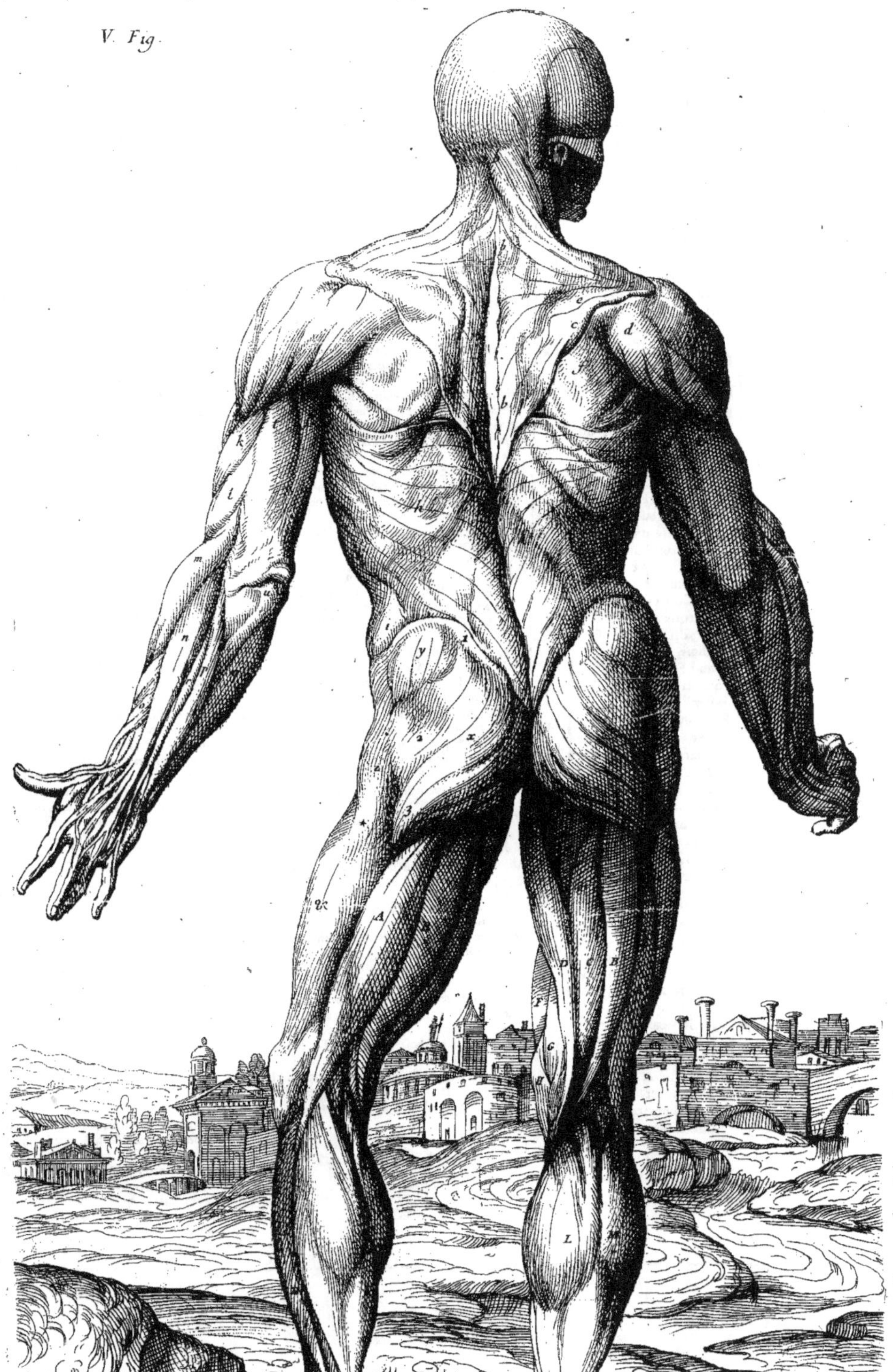
V. Fig.

CINQUIE'ME TABLE.

NOMS.	ORIGINE ET INSERTION.	OFFICE.
a Portion du Mastoïde.	*b c* Le Trapeze prend son Origine du derriere de la Teste, de toutes les Vertebres du Col, & des neuf Espines superieures des Vertebres du Dos: il se va inserer tout le long de l'Espine de l'Omoplate jusqu'un peu au-dessous de la Clavicule.	*b c* Ce Muscle sert à fortifier les actions de quelques autres qui sont dessous lui, & que vous verrez à découvert dans la Figure suivante. Il releve l'Omoplate avec le Releveur propre: il la tire droit en derriere, avec le Rhomboïde, & la baisse tout seul. Il contribuë beaucoup en passant par-dessus la Base de l'Omoplate à lui donner une certaine rondeur, que nous y voyons; l'Antin fait voir avec grace cette particularité.
b c Trapeze, dont l'Origine est marquée *b*. & l'Insertion *c*.	*e* Naist de la partie externe de la Base de l'Omoplate, qui se remarque dans l'Angle superieur jusqu'à l'Espine, & par son Corps remplissant toute la cavité espineuse, & passant par-dessus l'Acromium, va s'inserer à la partie superieure & anterieure de l'Os du Bras, pour les tirer en haut.	*e* Tire le Bras en haut avec le Deltoïde, & & remplissant la cavité superieure de l'Omoplate entre l'Espine & la Coste superieure, ne fait souvent qu'une Masse avec ladite Espine & une partie du Trapeze.
d Deltoïde.	*f* Prend son Origine de la partie externe de sa Base de l'Omoplate, qui se remarque depuis l'Espine, jusqu'à l'Angle inferieur; & remplissant la cavité Sous-espineuse, va s'inserer à la partie superieure & exterieure de l'Os du Bras. Les nouveaux Anatomistes en ont trouvé un qu'ils appellent Petit Rond, lequel étant fort attaché au Sous-espineux, ne fait qu'une Masse & qu'un mesme Tendon. Vesale ne l'a point reconnu.	*f* Tire l'Os du Bras en bas avec l'Abaisseur propre & le Très-large.
e Sus-espineux.	*g* Prend son Origine de la Coste inferieure de l'Omoplate; & va s'inserer à l'Os du Bras, avec le Très-large, avec lequel il ne fait qu'un mesme Tendon.	*g* Son nom dit assez son Office, qui est de ne servir à autre chose qu'à baisser le Bras.
f Sous-espineux.	*h* Vient de l'Os Sacrum, de la teste superieure de l'Os des Iles, & de toutes les Vertebres des Lombes, & des six ou sept Vertebres inferieures du Dos; passe d'un costé par-dessus l'Angle inferieur de l'Omoplate, où il s'attache en passant, & va trouver l'Os du Bras, se joignant avec l'Abaisseur propre.	*Ne passez pas legerement ces quatre Muscles; il n'y a rien dans tout le Corps de plus difficile à bien faire que cet endroit, & rien de plus delicat: examinez-le avec tous les yeux de votre prudence & de votre discretion: car c'est où échoüent la plûpart de ceux qui dessignent. La difference de leurs mouvemens se voit parfaitement bien sur le Gladiateur; mais ce n'est pas assez, & si vous m'en croyez, vous remarquerez bien sur le naturel tous les mouvemens successifs de ces Muscles, depuis l'action du Bras abaissé, jusqu'à son élevation, telle que nous les voyons l'une & l'autre dans la Figure du Gladiateur.*
g Abaisseur propre.	*m n o p* Voyez la premiere Table sur ces Muscles.	*h* Tire le bras en derriere & en bas obliquement du costé de son principe inferieur. Ce Muscle est si étendu & si mince à son principe, qu'il n'empêche point du tout ceux qui sont dessous lui de paroistre, (vous les verrez dans les deux Figures suivantes:) mais venant à se resserrer dans son insertion, il fait une Masse de Chair, qui couvre le grand Dentelé. J'en ai déja parlé dans la 2. Figure. Voyez-la.
h Très-large.	*s t* Le Long vient de l'Omoplate, & le Court de la partie superieure de l'Os du Bras: tous deux ne font qu'un mesme Tendon fort large, & vont s'inserer au Coude.	*m n c p* Tous ces Extenseurs disent assez leurs Offices par leur Nom. Extenseur, veut dire qui estend; comme Fléchisseur, qui fléchit: ils agissent tous, pour l'ordinaire, en mesme temps.
i Portion de l'Oblique externe.	*x* Vient de tout l'Os Sacrum, & de la partie laterale & posterieure de l'Os des Iles; & va, par ses Filets obliques, s'inserer quatre doigts au dessous du grand Trocanter. Il couvre le petit Fessier, & une partie du moyen.	*s t* Ces deux Muscles n'ont qu'une insertion, & sont fort charnus à leur principe. Ils étendent le Coude & l'Avant-bras, comme leur nom vous le dit.
k Portion du Brachial.	*A* Vient de l'Os Ischium; & va s'inserer à la partie externe de la Jambe; il est charnu, & a deux Testes, comme celui du Bras.	*x* Il y a trois Fessiers, qui tous étendent la Cuisse. Le premier est appellé Grand, eu égard à sa quantité & à son étenduë, qui est décrite par 1. 2. 3. 4. 5. La difference des actions de ce Muscle se voit sur les Figures d'Antin, du Gladiateur, d'Hercule & de Meleagre.
l Portion & Origine du Long Supinateur du Rayon.	*B* Vient du mesme lieu que le Biceps; puis estant fort nerveux, long & rond, & ayant son corps charnu, va s'inserer au devant de la Jambe, trois Doigts au dessous de l'Article.	*y* Le second est en partie caché dessous le premier, & vous le verrez à découvert dans la Figure suivante avec le troisiéme.
m Extenseur superieur du Carpe.	*C C* Accompagne le précédent à son Origine & à son insertion.	*A B C C D* Ces 4. Muscles posterieurs de la Cuisse: sçavoir, Biceps, Demi-nerveux, Demi-membraneux & Gresle, fléchissent la Jambe, & tous quatre ne font quasi qu'une Masse.
n Extenseur des Doigts.	*D* Vient de la partie inferieure de l'Os Pubis, estant large & délié à son Origine; & va s'inserer avec les deux précédens.	*L M* Les Gemeaux sont ainsi appellez à raison de leur forme qui est toute pareille, à la reserve pourtant, que celui qui est interne, descend un peu plus bas que l'autre; leur Office est d'étendre le pied.
o Extenseur du Poulce.	*L M* Viennent des deux Testes inferieures de l'Os de la Cuisse, & vont avec le Plantaire & le Solaire composer un mesme Tendon, appellé la Corde d'Achille.	*N* Sert à étendre le Pied avec les Gemeaux.
p Extenseur inferieur du Carpe.	*N* Vient du haut & du milieu de l'Os appellé Peroné (car il est double d'origine & d'insertion:) & s'en va sous le pied.	
q Fléchisseur inferieur du Carpe.		
r Portion d'un Fléchisseur des Doigts.		
s t Les Extenseurs du Coude, dont l'un est appellé Long ou Interne marqué *s*. & l'autre Court ou Externe, marqué *t*.		
u L'Os du Coude sans chair.		
x Grand Fessier.		
y Portion du second Fessier.		
z Portion du Membraneux dont la partie charnuë finit à une *		
& Vaste externe.		
A Biceps.		
B Demi-nerveux.		
C C Demi-membraneux.		
D Gresle.		
E Portion du Triceps.		
F Portion du Droit.		
G Portion du Consturier.		
H Portion du Crural, qui est au-dessous du Droit.		
I Lieu par où passe le plus gros Nerf de tout le Corps avec la Veine Poplitique.		
L M Les Gemeaux, dont l'un est interne marqué *L*. & l'autre externe, marqué *M*.		
N Esperonnier.		
O Malleole externe.		
P Malleole interne.		

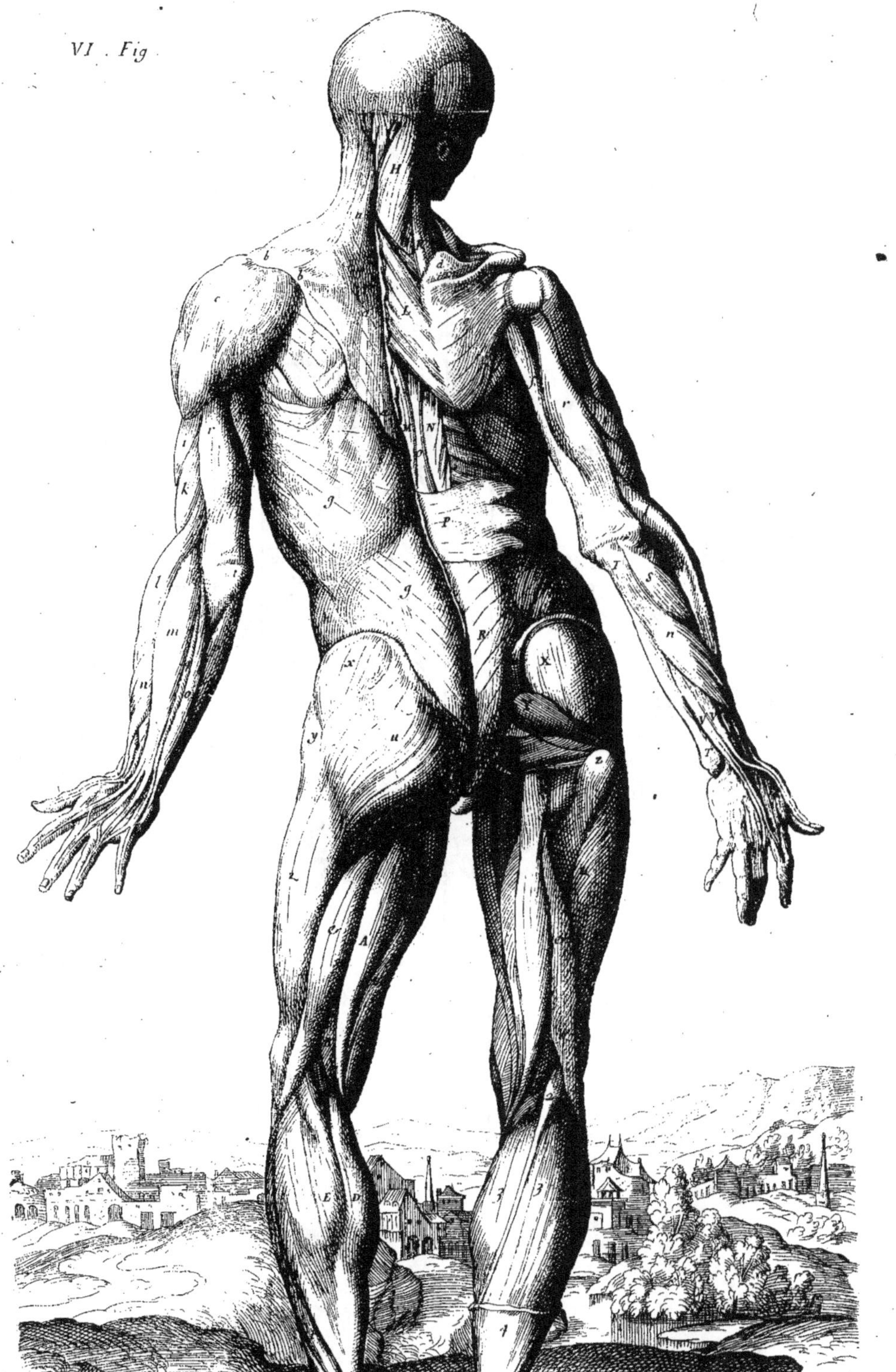

VI . Fig

NOMS.

a b	Trapeze, dont l'Origine est marquée par *a*, & l'Insertion par *b*.
c	Deltoïde.
d	Sus-espineux.
e	Sous-espineux.
f	Abaisseur propre.
g	Très-large.
h	Portion de l'Oblique externe.
i	Portion du Brachial.
k	Portion & Origine du long Supinateur du Rayon.
l	Extenseur superieur du Carpe.
m	Extenseur des Doigts.
n	Extenseur du Poulce.
o	Extenseur inferieur du Carpe.
p	Fléchisseur inferieur du Carpe.
q	Portion d'un autre Extenseur des Doigts.
r s	Les Extenseurs du Coude, dont l'un est appellé Long, marqué *r*. & l'autre Court, marqué *s*.
t	L'Os du Coude sans chair.
u	Grand Fessier.
x	Portion du second Fessier.
y	Portion du Membraneux.
z	Vaste externe.
&	Biceps.
A	Demi-nerveux.
B B	Demi-Membraneux.
C	Portion du Triceps.
D E	Les Gemeaux, l'un desquels est interne, marqué *D*. & l'autre externe, marqué *E*.
F	Esperonnier.
G	Malleole externe.

Les premiers Muscles estant levez de l'autre costé, vous en voyez d'autres, qui bien loin d'estre inutiles, poussent ceux de dessus & contribuent à faire des Masses, qu'il est necessaire de sçavoir. Le Trapeze, le Deltoyde, le Très-large, & l'Oblique externe estant donc levez, vous voyez le

H	Splenius.
I	Complexus.
K	Releveur propre.
L	Rhomboïde.
M	Portion du Sacré.
N	Portion du Sacrolombaire.
O	Portion du Demi-espineux.
P	Dentelé posterieur inferieur.
Q	Portion du Grand Dentelé.
R	Oblique interne.
S	Court Supinateur du Rayon.
T	L'Os du Coude dépoüillé de Muscles.
V V	Portions d'autres Extenseurs des Doigts.

Les Muscles marquez du costé droit, m o p q sont levez de ce Bras droit.

X	Second Fessier.
Y	Troisiéme Fessier.
Z	Grand Trocanter.
2.	Plantaire.
3.	Solaire.
4.	Tendon des Gemeaux coupé.

Le Grand Fessier & le Membraneux sont levez de dessus la Cuisse, & les Gemeaux de dessus la Jambe.

ORIGINE ET INSERTION.

HI	Ces deux Muscles viennent des Vertebres superieures du Dos; & se vont inserer derriere la Teste, comme vous voyez.
K	Vient du haut du Col; & s'en va descendre à l'Angle de l'Omoplate.
L	Son Origine est aux Vertebres; & son Insertion à la Base de l'Omoplate; la Figure vous le montre assez.
MNO	Voyez la Table suivante avec sa Figure.
P	Vient des Vertebres, & va où vous voyez; j'en parle, parce qu'il se presente à la vûë: mais il n'est point du tout necessaire; ne vous y attachez pas, & prenez garde aux Masses.
X	Vient, comme vous voyez, de l'Os des Iles, & va au grand Trocanter avec le petit Fessier.
2. 3.	Vient de la Teste externe de l'Os de la Jambe; le Solaire d'entre les deux Testes; & les Gemeaux des deux Testes de l'Os de la Cuisse; & vont tous ensemble faire un mesme Tendon, appellé, la Corde d'Achille. Pour les Gemeaux, ils sont levez, vous n'en voyez que le Tendon.

OFFICE.

H I K	Tire la Teste en derriere avec un autre qui est dessous, appellé Complexus, marqué par *II*.
K	C'est de l'Omoplate qu'il est Releveur; c'est lui qui contribuë le plus à faire cette pente qui est du Col à l'Epaule.
L	Tire l'Omoplate en derriere avec une partie du Trapeze. Quand ce Muscle agit, il se confond avec la Base de l'Omoplate, & de deux éminences, il ne s'en fait presque plus qu'une; cela se voit sur l'Hercule & sur le Gladiateur.
MNO	Ces trois Muscles sont opposez au Muscle Droit du Ventre: car ils tirent le Corps en arriere, & le soustiennent quand il est panché en devant. Ils composent tous trois ce qu'on appelle Rable. Voyez la Figure suivante, elle vous les montrera à découvert, & prenez la peine d'y lire ce que j'en dis.
P	Ce Muscle sert à la respiration, & comme il n'est pas fort épais, il ne fait que contribuer aux Masses.
Q	J'ai déja parlé de ce Muscle dans la premiere Figure; vous n'en voyez ici qu'une partie, laquelle estant charnuë, contribuë beaucoup à faire paroistre le Très-large si épais en cet endroit.
X Y	Vous voyez ici le second Fessier tout entier, & le troisiéme qui est beaucoup plus petit, couché auprès. Ce troisiéme n'est pas fort necessaire, aussi je n'en parle que par rencontre.
2.	Ce Muscle n'est charnu qu'à son Principe, & dégénere en un Tendon fort long; il étend le Pied avec les Gemeaux & le Solaire.
3.	Solaire, ainsi nommé, à cause qu'il est seul, par opposition aux Gemeaux qui sont deux, quoiqu'ils ne soient pas si larges ensemble que lui seul: il estend le Pied avec les Gemeaux & le Plantaire, & tous ensemble ne font qu'un mesme Tendon, aussi ne font-ils tous que le mesme Office.
4.	Vous voyez le Tendon des Gemeaux, la partie charnuë en est ostée.

Tabula 6.ᵃ

figura 1ᵃ Sternum Exhibens
a.a . musculi triangulares
b . pars mediastini seu membranae thoracis cauum bifariam dividens
c . pars pleurae seu membranae thoracis cauum induentis
d.d . musculi intercostales interni respirationi inservientes
e.e . costarum pars cartilaginosa

fig. 2ᵃ. musculi partis anterioris corporis
a.a . musculi mastoidei qui caput inclinant
b.b . longi flexores colli
c.c . Scaleni qui collum etiam flectunt
d.d . nervii Scalenos pertranseuntes
e.e . humeri levatores
f . Sublavii qui pectus dilatant
g . pectoralis major brachium anterorsum mouens
h . pectoralis minor omoplatam antrorsum trahens
i.i . Serratus major pectus dilatans
k.k . intercostales interni qui pectus contringunt
l.l . externi qui illud dilatant
m . Subscapularis qui brachium retrorsum ducit
n . rotundus minor ad eundem motum concurrit
o . rotundus major brachium deorsum trahit
p . humerus
q . ligamentum cubiti articulum tegens
r . ligamentum aliud
s . Cubitus
t . radius
w . thenares qui pollicem a digitis abducunt
u . quadratus qui palmam deorsum mouet
33 . anthitenares qui pollicem versus digitos adducunt
yy . hypthenares qui digitum auricularem ad pollicem adducunt
2.2 . Interossei interni qui digitos a pollice abducunt
3.3 . adductores Indicis
4.4 . Claviculae
5 . tendo pectoralis minoris
6.6 . coracoideus qui brachium antrorsum mouet
7.7 . bicipitis Capita duo
8.8 . biceps cubitum flectens
10 . deltoides brachium leuans
11.11 . brachieus internus cubitum flectens
12 . externus qui cubitum porrigit
13 . brachii longus extensor
14 . radieus internus qui carpum porrigit
15 . Carpi longus Suprinator Volam manus sursum vertit
16 . Carpi longus pronator dorsum manus sursum vertit
17 . radieus internus qui Carpum flectit
18 . Cubitalis internus qui etiam Carpum flectit
19.19 . palmaris cum massa carnea qui cauum seu Crathum diogenis efficit
20 . Sublimis qui digitos flectit
21 . profundus idem officiens
a . musculus pollicem flectens
22 . radius
23 . cubitus
24 . ligamentum annulare quo musculi tempore motus in suo Situ continentur
27.27 lumbricales qui digitos ad pollicem adducunt
28.28 tendines Sublimis musculi
29.29 tendines profundi musculi per rimas sublimis transeuntes
30.30 triangulares qui lumbos flectunt
31.31 Spsoas qui femur flectunt
32.32 Iliaci qui idem faciunt
33 . Sartorius aut longus tibiam Introrsum trahens
34 . gracilis rectus qui tibiam porrigit
35 . vasti externi tibiam quoque porrigunt
36 . pars membranosi qui tibiam extrorsum ducit
37 . pectineus qui tibiam flectit
38 . Caput primum tricipitis musculi femur versus aliud Caput adducens
39 . Caput Secundum
40 . Caput tertium
41 . Crureus tibiam extendit vt et
42 . Vastus internus
43.43 Tibia
44.44 gemini pedem extendunt vt et
45.45 Solares
46 . Tibiaeus anterior qui pedem flectit
47 . digitorum pedis extensor longus
48 . peroneus anterior qui pedem flectit
49 . peroneus posterior qui pedem extendit
50 . Tendo Achillis cuius vulnera lethalia habentur
51.51 pollicis pedis extensor
52 . Ligamentum annulare quod pedis musculos tempore motus in suo Situ continet
53 . pedieus aut extensor breuis pollicis pedis et trium digitorum Subsequentium
54 . thenar pollicem versus alterum pedem adducit
56 . peroneus
57.57 tendo longi extensoris digitorum pedis
58.58 tendo breuis extensoris digitorum pedis

fig. 3ᵃ omnes musculi partes posterioris corporis
a . Sutura lambdoides
b . Sagittalis
c.c . ossa parietalia
d.d . os occipitis
e . musculus Splenius qui caput leuat

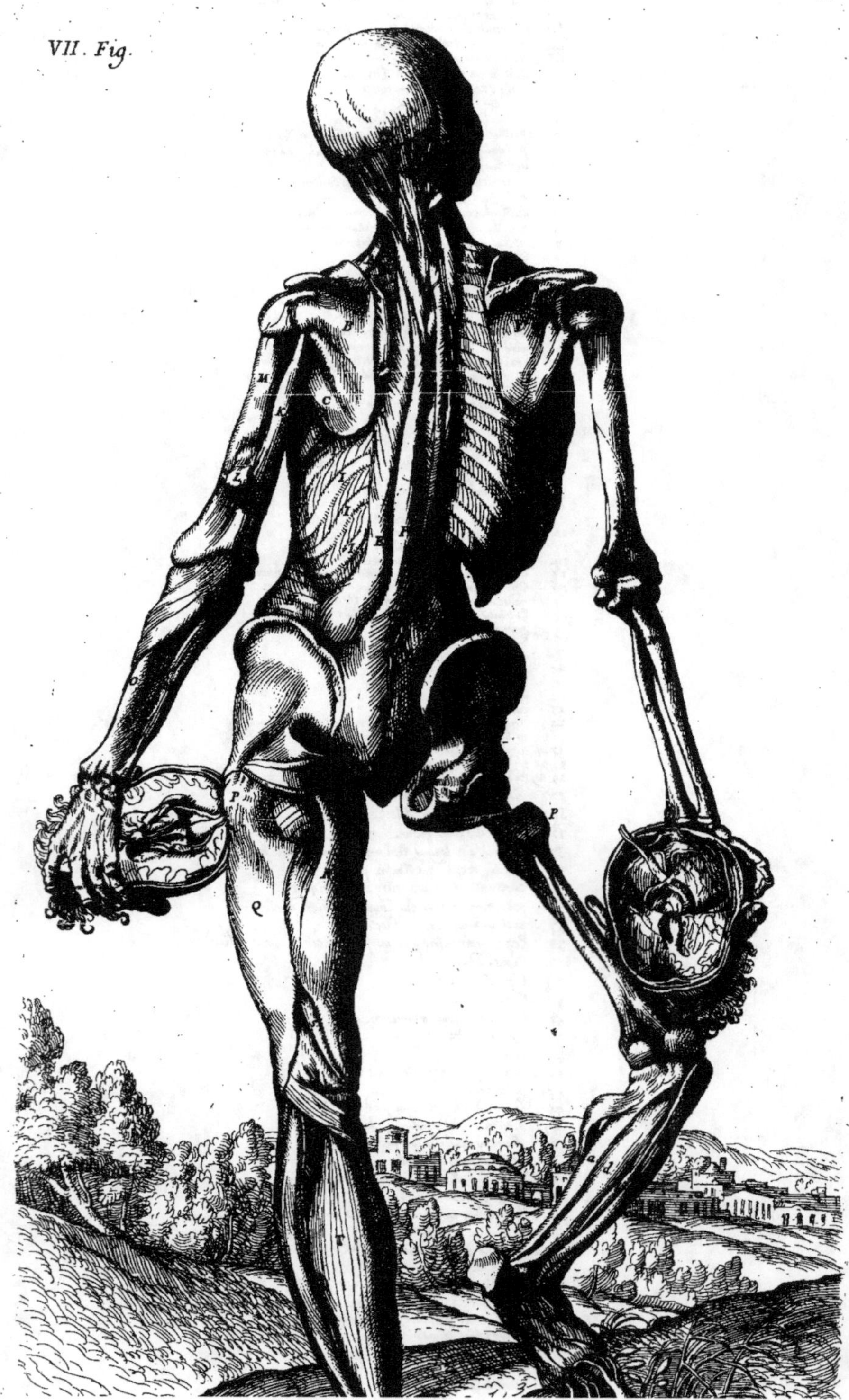
VII. Fig.

SEPTIE'ME TABLE.

Cette Figure peut satisfaire la curiosité de ceux qui voudront voir le Corps dépoüillé jusqu'aux Os. Je ne parlerai que des Muscles les plus necessaires, pour éviter la confusion.

NOMS.	ORIGINE ET INSERTION.	OFFICE.
A Releveur propre.		Vous voyez ici à découvert les Muscles, qui sont opposez au Muscle Droit, quoiqu'ils soient tout-à-fait sous les autres, ils ne laissent pas néanmoins d'estre très-necessaires : parce qu'ils vous donnent certaines parties assez essentielles & immuables, que vous comprendrez aussi-tost que vous aurez remarqué, que l'Epineux & le Sacré sont peu charnus à leurs origines, & que le Sacrolombaire l'est beaucoup ; parce que cette circonstance cause une certaine cavité sur l'Os Sacrum ; & tout au contraire une éminence considerable à l'origine du Sacrolombaire.
B Omoplate dépoüillée de ses Muscles, excepté de l'Abaisseur propre.	*E* Prend son origine de la partie posterieure & superieure de l'Os des Iles, & des deux Vertebres superieures de l'Os Sacrum ; & va tout le long de la racine des Costes.	
C Abaisseur propre.		
D Portion du Grand Dentelé.		
E Sacrolombaire.	*F* Sort de la partie posterieure de l'Os Sacrum par un principe aigu, & s'insere tout le long des Espines du Dos jusqu'au Col.	Les éminences que l'on voit ordinairement depuis le Sacrolombaire jusqu'à l'Omoplate, ne sont autre chose que plusieurs Muscles collez l'un sur l'autre & poussez par les fausses Costes, qui descendent obliquement & presque du mesme sens que le Sacrolombaire. Voyez-en la disposition. Le nombre de ces éminences n'est pas toujours égal dans tous les hommes : aux Vieillards il y en peut avoir quatre, mais aux jeunes gens jamais plus de trois ; parce que la pente de l'Omoplate vous en oste une, a cause de la graisse, à moins que le Bras ou l'Omoplate ne fussent extraordinairement élevez, auquel cas il en faudroit faire paroistre cinq dans les Vieillards.
F Epineux.		
G Sacré.	*G* Le Sacré vient du mesme endroit que l'Espineux, & se glisse sous lui jusqu'à la douziéme Vertebre du Dos.	
H Portion du Transversal.		
I Les Costes.		
K Le long Extenseur du Coude.		
L Tendon du Court Extenseur du Coude.		
M L'Os du Bras.		
N L'Os du Coude &		
O L'Os du Rayon avec quelques ligamens : ils sont sans chair de l'autre costé.		
P Grand Trocanter.		
Q Portion du Vaste externe.		
R Triceps.		
S Portion du Crural.		
T Vn des Fléchisseurs des Orteils.		
V Fléchisseur du gros Orteil.		
X Tendon des Gemeaux & du Solaire.		
Y L'Omoplate dépoüillée de tous ses Muscles.		
Z L'Os du Bras.		
a L'Os de la Iambe sans Chair.		
b L'Os appellé Peroné, aussi sans Chair.		
c d Autres Extenseurs du Pied.		

JE m'arreste ici tout court, mon cher Lecteur, de peur de vous charger trop la memoire, & de rien faire contre ce que je vous ai promis. Si votre curiosité vous porte à vous instruire plus à fond de l'Anatomie, je vous conseille de voir Vesale : les Figures que le Titien lui a dessignées, sont d'un prix & d'une beauté inestimable.

Après toute la facilité que j'ai donnée à ce petit Traité, s'il s'en trouve quelques-uns qui n'en profitent pas, sçachez que ce n'est pas pour eux qu'il est fait. Il est pour ceux qui cherchent la Science & la perfection, plustôt que l'interest, dont quelques-uns sont si avides, que pourvû qu'ils fassent leur Tableau, ils ne se soucient pas comment ; il est, dis-je, pour ceux qui veulent se satisfaire les premiers, & qui cherchent plustôt à plaire aux Connoissans, qu'à estourdir, comme on dit, le Bourgeois, & lui jetter de la poudre aux yeux. Mon intention n'est pas de choquer ici personne : mais il est constant, que ces gens-la deshonorent la Peinture, & que si on leur faisoit bonne justice, on leur osteroit le Pinceau des mains pour leur donner un hoyau ou une besche. Il est constant aussi, que le mal est bien moins grand, depuis que les plus habiles se sont retirez d'une foule d'ignorans, & que le Roy les a choisis pour composer une Academie celebre, qui n'admet que ceux qu'elle juge capables, & qu'elle croit dignes d'elle.

ABRÉGÉ
D'ANATOMIE,
ACCOMMODÉ AUX ARTS
DE PEINTURE
ET
DE SCULPTURE.

DES OS DU CORPS HUMAIN.

IL n'y a perſonne qui ne ſçache que dans le baſtiment du Corps humain, les Os ſont les principales parties, parce qu'ils le ſoutiennent & l'appuyent comme leur fondement. Ils ſont proprement au Corps ce que la charpenterie eſt à une maiſon, à la reſerve, que leur principal uſage eſt de mouvoir ce Corps, quand la volonté le commande. Ils ſont auſſi la veritable longueur & la juſte meſure de chaque membre; c'eſt pourquoi il ne ſera pas hors de propos de les connoître, autant que l'Art le demande.

On diviſe ordinairement le Squelet en trois parties, ſçavoir, en Teſte, Tronc & Extrémitez. Par la Teſte, on comprend tout ce qui entoure le Cerveau, le Col & les deux Machoires. La figure naturelle de la Teſte doit eſtre ronde & un peu longuette, applatie par les côtez, ayant éminence & production devant & derriere. Toutes les autres figures, comme les rondes, les pointuës & celles qui n'ont point d'éminences, ſont contre nature. La Machoire ſuperieure eſt immobile, & l'inferieure ſe remuë d'un mouvement circulaire, & comme ſur deux pivots.

Le Tronc eſt diviſé en trois parties; en Epine, Thorax & Os Sans-nom; l'Epine contient tout ce qui eſt depuis la premiere Vertebre juſqu'au Coccix: elle eſt compoſée de pluſieurs Os, & non pas d'un ſeul, pour la facilité du mouvement. Si vous regardez ſa figure, elle ſe recourbe en dedans à ſes deux extrémitez, ſçavoir au Col & au Coccix: aux Vertebres du Dos elle eſt boſſuë en dehors: aux Lombes elle s'enfonce en dedans; & à l'Os Sacrum, elle eſt encore boſſuë. L'Epine eſt compoſée de pluſieurs Vertebres. Galien la diviſe en quatre; en Col, Dos, Lombes & Os Sacrum.

La ſeconde partie du Tronc eſt appellée Thorax, lequel eſt borné en haut par les Clavicules, & en bas par le Cartilage Xiphoïde & les fauſſes Coſtes. Les Clavicules ont une figure fort inégale & approchante de la lettre S. La Clavicule eſt articulée en devant avec le Sternum, & en derriere avec l'Omoplate: on les nomme Clavicules, parce qu'elles ſervent de clef au Thorax. Il y a douze Coſtes de chaque coſté, qui partent des Vertebres; les unes ſont vraies, qui ſont au nombre de ſept, & s'articulent avec le Sternum; les autres ſont fauſſes, qui ne touchent point au Sternum, & ſont cinq en chaque coſté.

Au Thorax on peut rapporter l'Epaule, ou l'Omoplate, parce qu'elle eſt faite en partie pour ſa défenſe, & pour l'articulation des Clavicules. En l'Omoplate, il faut remarquer pluſieurs choſes neceſſaires pour l'intelligence des Muſcles; ſçavoir, la Baſe, qui regarde l'Epine du Dos, la Coſte inferieure, la Coſte ſuperieure, l'Angle ſuperieur, l'Angle inferieur, la partie cave ou interieure, la partie gibbe ou exterieure, l'Epine, & l'extrémité de l'Epine, appellée Acromium.

La Baſe du Tronc eſt un grand Os qui n'a point de nom particulier, & qui néanmoins en a trois, ſelon ſes differents coſtez; devant il s'appelle l'Os Pubis, à coſté l'Os des Iles, & derriere l'Os Iſchium. Veſale l'appelle Grand Os.

Le reſte du Squelet eſt appellé Extrémitez.

Le Bras n'a qu'un Os, dit Humerus, bien grand & bien gros, dont la partie inferieure a deux Teſtes, & eſt en façon de poulie, pour ſervir d'articulation à l'Os du Coude. L'Os du Coude eſt accompagné d'un autre Os appellé Rayon, qui eſt plus gros en bas que l'Os du Coude, mais l'Os du Coude le ſurpaſſe en groſſeur en la partie ſuperieure. Le mouvement propre de l'Os du Coude, eſt la flexion & l'extenſion; & le mouvement du Rayon eſt de tourner la main; ces deux Os enſemble s'appellent l'Avant-bras.

L'Os de la Cuiſſe appellé Femur, eſt le plus grand de tout le Corps, il eſt vouté par devant, & enfoncé par derriere, pour la commodité de s'aſſeoir, & pour la fermeté de marcher. La Teſte ſuperieure de cet Os n'eſt point en droite ligne au-deſſus, elle ſe couche avec ſon Col du coſté de l'Os Iſchion, où elle va s'emboiter; il a en ſa partie ſuperieure deux Apophiſes ou Eminences appellées Trocanters. Le grand Trocanter eſt exterieur, & le petit interieur. En la partie inferieure l'Os de la Cuiſſe eſt fort gros & a comme deux teſtes.

Entre l'Os de la Cuiſſe & la Jambe il ſe voit un Os rond appellé la Rotule, qui ſert à empeſcher que les Jambes ne fléchiſſent en devant.

Il y a deux Os à la Jambe, comme à l'Avant-bras; le plus grand eſt appellé Tibia, ou Os de la Jambe, & l'autre Peroné. Ces deux Os ont à leurs extrémitez inferieures, chacun une teſte ou éminence, qu'on appelle Malleole ou Cheville.

Pour le Pied, vous l'apprendrez aſſez par la liſte des noms; il faut ſeulement remarquer, que l'Os du Talon n'eſtant point articulé avec la Jambe, ſe lâche & s'abbat un tant ſoit peu, quand il ne poſe pas à terre.

Il ne faut pas manquer de bien examiner tout ceci ſur un veritable Squelet; & ſur tout ne paſſez pas aux Muſcles que vous ne ſçachiez parfaitement bien les Os, ſelon la deſcription que je vous en viens de faire, qui me ſemble aſſez aiſée & méthodique: prenez la peine d'en voir les Figures démonſtratives.

Ces Caraĉteres ſervent pour les trois Squelets ſuivans.

Sans m'amuſer à faire la diviſion d'une infinité d'Os, qui ſont dans la Teſte, je ne vous marqueray que les plus apparens & les plus neceſſaires.

A	L'Os du Front, ou l'Os Coronal.
B	L'Os Jugal.
C	La Machoire ſuperieure.
D	La Machoire inferieure.
EFGH	Ces quatre lettres font voir l'étenduë des Vertebres: car depuis E juſqu'à la Teſte, ſont les Vertebres du Col, au nombre de 7. Depuis E juſqu'à F. celles du Dos, au nombre de 12. Depuis F juſqu'à G. celles des Reins, au nombre de 5. & depuis G juſqu'à H. celles de l'Os Sacrum & du Coccix, au nombre de 10. ſix pour l'Os Sacrum, & 4. pour le Coccix.
I	Les Clavicules.
K	Les Os du Sternum, ou Brechet, au nombre de 6.

L	Le Cartilage Xiphoïde, ou Fourchette.
1. 2. 3. 4. 5. 6. 7. 8. 9. 10. 11, 12.	Tous ces chiffres nous montrent les douze Coſtes de chaque coſté, ſept vrayes, & cinq fauſſes.
M	L'Os du Bras dit Humerus.
N	L'Omoplate, ou Palleron.
O	L'Os du Coude.
P	L'Os appellé, Rayon. Le Coude & le Rayon compoſent ce que l'on appelle Avant-Bras.
Q	Le Poignet ou Carpe ayant huit Os.
R	Le Metacarpe compoſé de quatre Os.
SSSSS	Les cinq Doigts, compoſez chacun de trois Os.
TVX	Ces trois lettres montrent l'Os Sans-nom, dont la partie marquée par T. eſt dite, l'Os des Iles: celle qui eſt marquée par V. l'Os de la Feſſe ou Iſchion: & celle qui eſt marquée par X. l'Os Pubis.

Y	L'Os de la Cuiſſe, dit Femur.
Z	La teſte de l'Os de la Cuiſſe, qui s'emboite dans l'Os Iſchion.
1	Le grand Trocanter.
2	Le petit Trocanter.
3	La Rotule.
4	L'Os de la Jambe, appellé Tibia.
5	L'Os dit Peroné.
6	Tous ces Os enſemble ſont appellez Tarſe, ou Coudepied, & ſont au nombre de ſept y compris l'Os du Talon.
7	Metatarſe compoſé de cinq Os.
8	Les cinq Orteils compoſez chacun de trois Os, à la reſerve du Pouce, qui n'en a que deux.

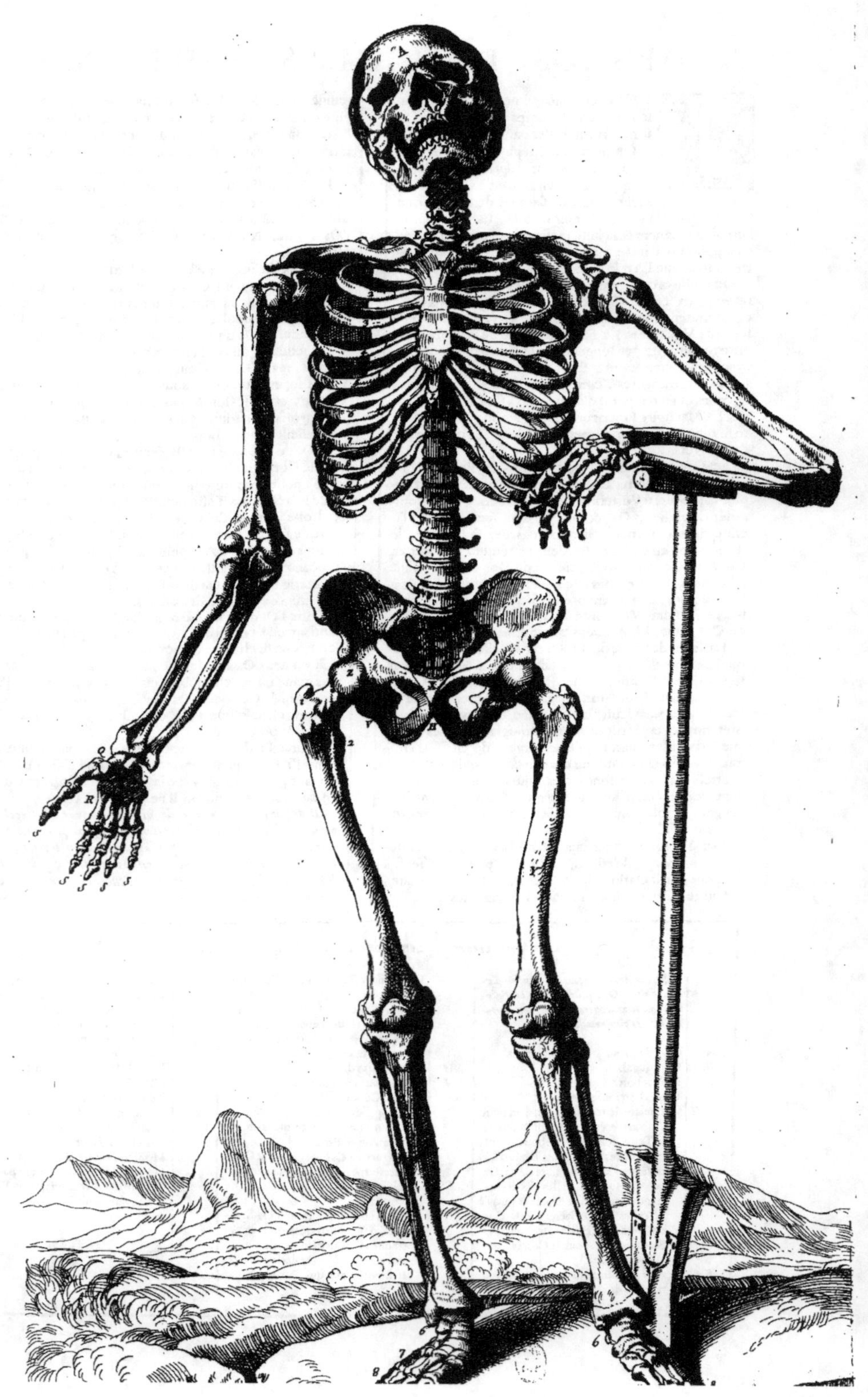

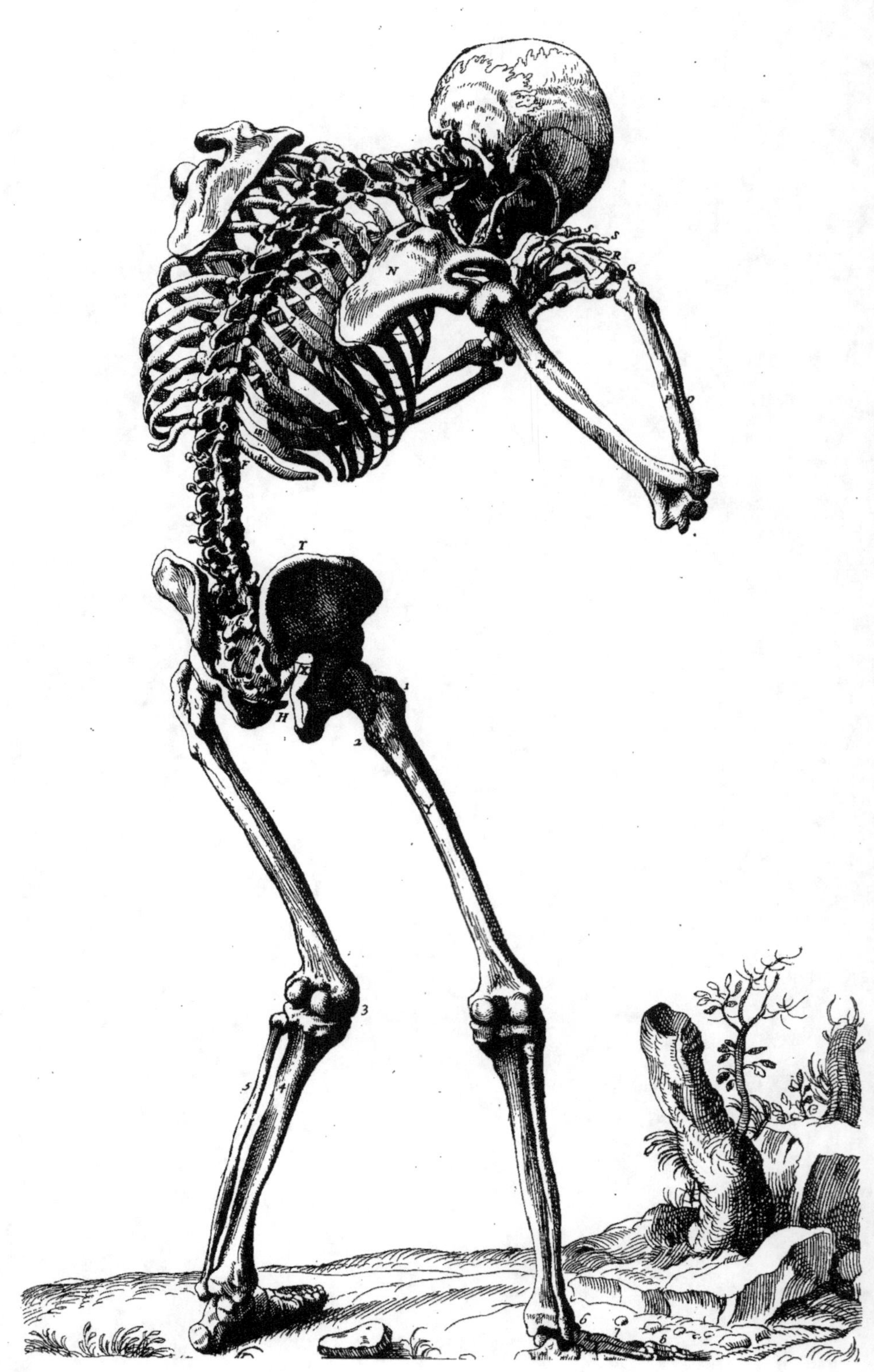

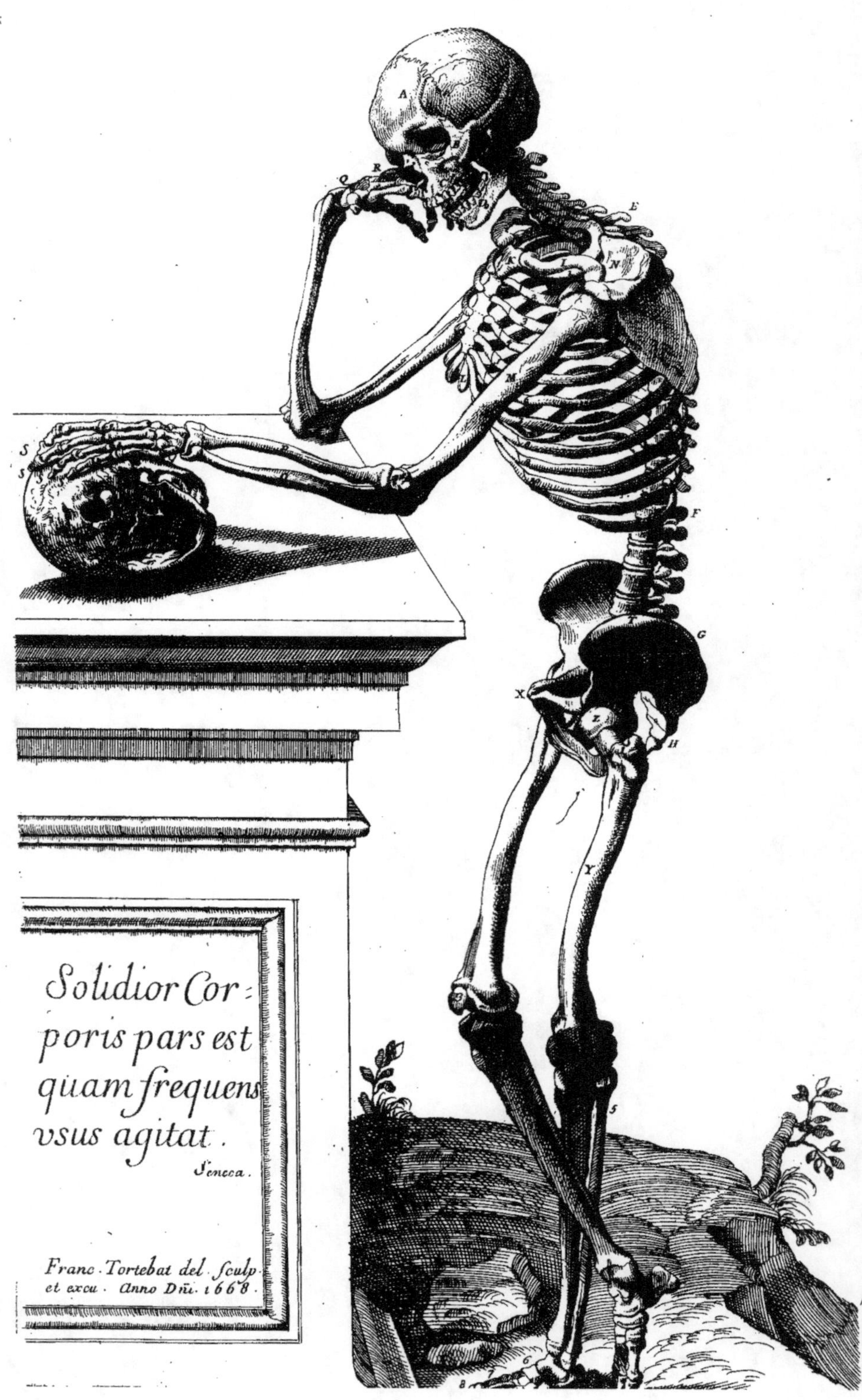
Solidior Cor-
poris pars est
quam frequens
vsus agitat.
Seneca.

Franc. Tortebat del. Sculp.
et excu. Anno Dñi. 1668.